极端水力条件下流体、漂浮物及结构物相互作用模拟研究

熊 焱◎著

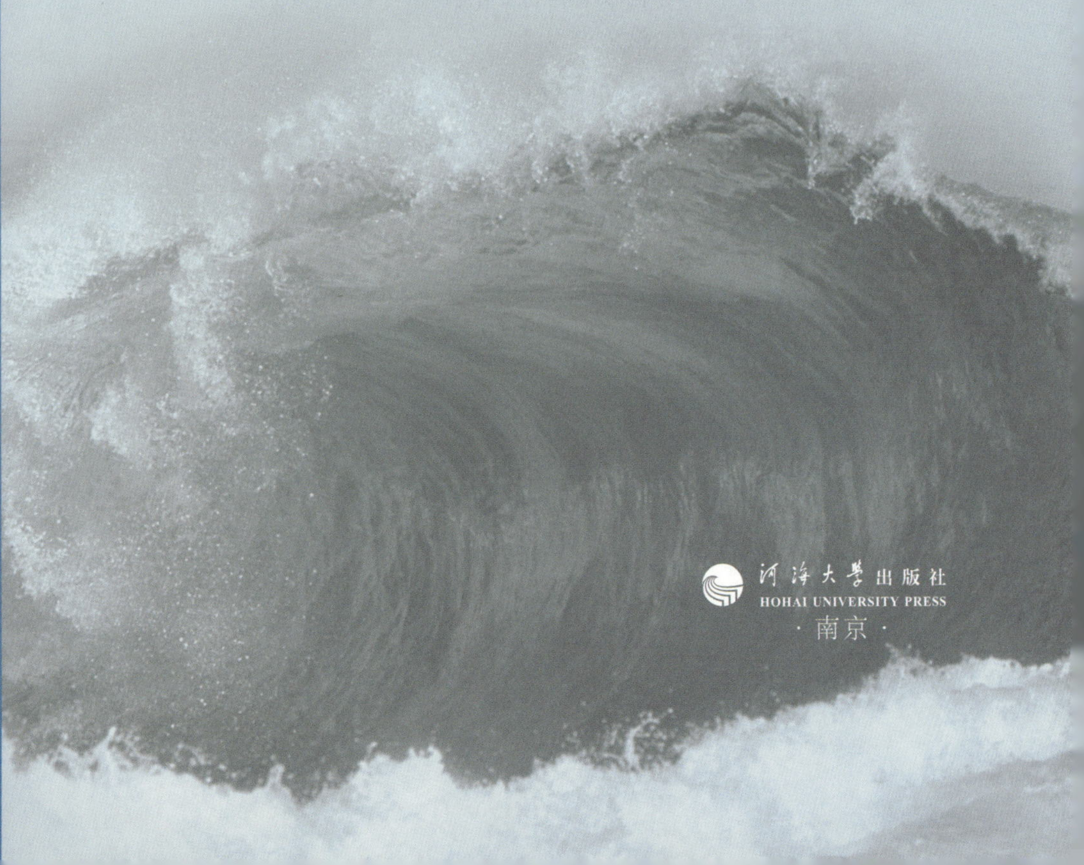

河海大学出版社
HOHAI UNIVERSITY PRESS
·南京·

图书在版编目(CIP)数据

极端水力条件下流体、漂浮物及结构物相互作用模拟研究 / 熊焱著. -- 南京：河海大学出版社，2022.7
ISBN 978-7-5630-7588-1

Ⅰ.①极… Ⅱ.①熊… Ⅲ.①水工建筑物－相互作用模型－研究 Ⅳ.①TV13

中国版本图书馆CIP数据核字(2022)第125886号

书　　名	极端水力条件下流体、漂浮物及结构物相互作用模拟研究
书　　号	ISBN 978-7-5630-7588-1
责任编辑	龚　俊
特约编辑	梁顺弟
特约校对	丁寿萍
封面设计	槿容轩　张育智　刘　冶
出版发行	河海大学出版社
地　　址	南京市西康路1号(邮编：210098)
电　　话	(025)83737852(总编室)　(025)83722833(营销部)
经　　销	江苏省新华发行集团有限公司
排　　版	南京布克文化发展有限公司
印　　刷	南京迅驰彩色印刷有限公司
开　　本	718毫米×1000毫米　1/16
印　　张	9.75
字　　数	196千字
版　　次	2022年7月第1版
印　　次	2022年7月第1次印刷
定　　价	80.00元

前 言

近年来,各种极端水灾害事件频发,海啸、风暴潮、洪水等灾害对人类造成了极大的威胁,对人民的生命财产安全造成了极大的伤害。海啸(Tsunami)一词源自日语"津波",即"港边的波浪"("津"即"港"),是一种极具破坏性的海浪。风暴潮(Storm Surge)则是指由于强风或者气压骤变等大气扰动而引发的海平面的异常升降现象。突发性洪水(Flash Flooding)则通常是指由高强度降雨或者突发性水释放事故,如溃坝、暴雨山洪等。当这些极端水灾害发生时,由于水流蕴含着巨大的能量,往往会挟带大量漂浮物一起上涌漫延,这些具有一定体积与质量的固体漂浮物对其运动过程中沿途的基础结构物、建筑物产生巨大的破坏。但是,目前对极端水灾害的研究以及相应的模拟基本上都是基于"纯水"假设,对这些极端水力条件下漂浮物运动的研究也基本上停留在初步阶段,对于水流—漂浮物—结构物的相互作用还没有深入的了解,也缺乏有效的模型工具。然而,忽略漂浮物作用会在很大程度上影响模拟结果的准确性,这已经成为当前海啸、风暴潮或突发性洪水模拟的重要局限,这应是水灾害领域中的一个重要研究内容。

随着我国国民经济的发展,对于自然灾害的防治能力亟待进一步提高。习近平总书记针对防灾减灾工作做出六个坚持、实施九大工程的明确部署,其中五项工程直接关系到极端水灾害的防御提升工作。因此,在环境变化加剧及极端灾害事件频繁发生的当下,有必要对海啸、风暴潮、突发性洪水等极端水灾害中水流携带的漂浮物所涉及的相关问题进行深入的研究,弄清漂浮物的运动过程及被撞建筑物的受力情况,制定可靠的方案和模型来模拟漂浮物对建筑物和基础设施的影响,为预测沿海地区或洪泛区内建筑物在灾害发生时的破坏程度、制定防灾减灾措施等提供依据。

本书共分六章,具体内容如下:

第一章:叙述了研究水灾害中漂浮物的意义及国内外研究现状,讨论了目前研究中存在的一些问题,阐述了本书的主要内容。

第二章:首先介绍了基于浅水方程的水动力模型,以及模拟水流与结构物的计算模块;其次介绍了模拟固体漂浮物的离散元模型,以及其中采取的多颗粒法计算方式;再次推导了流固相互作用的计算方式,构建了一个双向动态耦合的水动力—离散元数值模型；最后通过物理模型试验对模型进行了初步的验证。

第三章：从水流—结构物、水流—漂浮物、水流—漂浮物—结构物三个方面分别对构建的耦合数值模型进行了进一步的验证，通过模拟获得的水力特征值、漂浮物运动规律、结构物受力过程等，对比了"纯水"条件和考虑漂浮物条件下结构物的受力区别，阐明了极端水力条件下水流—结构物—漂浮物相互作用的物理过程，揭示三者之间相互作用的变化规律。

第四章：介绍了一种全新的基于水流力的确定性建筑物破坏状态评估预测方法，并在实际尺度上，对极端水灾害事件中"纯水"条件下的建筑物进行了破坏状态的预测。

第五章：利用构建的数值模型与建筑物破坏状态评估预测方法，对实际尺度上极端水灾害事件中，考虑不同漂浮物条件下的建筑物进行了破坏状态的预测，对比了不同条件下建筑物破坏状态的区别，揭示了水灾害模拟研究中漂浮物影响建筑物破坏状态的重要性。

第六章：总结了主要研究成果，提出了对未来研究的展望。

本书的主要特色和创新点如下：

1. 提出了流体对结构物总力的计算方法，并结合结构物受力与破坏形式的关系，开发了考虑复杂承灾体的水灾害风险评估数值模型。

2. 采用离散元方法与图形处理器(GPU)并行技术，构建了一套模拟研究极端水力条件下流体—漂浮物—结构物相互作用的双向动态耦合数值模型。

3. 基于所提出的漂浮物对结构物受力量化关系，建立了考虑流体和漂浮物对承灾体联合作用的水灾害风险评估数值模型。

本书的出版获得了国家自然科学基金项目(No.52101307)、中国博士后科学基金资助项目(2021M690880)、中央高校基本科研业务费专项资金(B210202025)和江苏省博士后科研资助计划(2021K642C)资助，在此特表感谢。

主要符号表

符号	代表意义
x	笛卡尔坐标系 x 方向
y	笛卡尔坐标系 y 方向
z_b	底床高程
η	水位高度
h	水深
u	水流水平速度分量
v	水流垂直速度分量
t	时间
g	重力加速度
q	流体变量
f	x-方向通量
g	y-方向通量
s	源项
ρ	流体的密度
τ_b	底床摩擦应力
C_f	底床糙率系数
N	曼宁系数
F	作用力
p	压强
β	动量系数
U	断面平均流速
Fr	弗劳德数
B	受力面宽度

续表

符号	代表意义
m	固体研究对象质量
I	固体研究对象转动惯量
w	固体研究对象速度
ω	固体研究对象角速度
T	转矩
R	颗粒半径
k_n	法向刚度系数
k_t	切向刚度系数
c	黏性阻尼系数
μ	摩擦系数
Δn	法向叠合量
Δt_c	临界时间步长
U_c	临界启动流速
W	建筑物重量
Cs	设计承载力系数
γ	屈服承载力系数
λ	极限承载力系数
MAX( )	最大值
F_{Tmax}	最大作用力

目 录

第一章　绪论 ·· 001
　1.1　研究背景 ··· 001
　1.2　研究现状 ··· 005
　　1.2.1　极端水力条件下漂浮物物理模型以及理论研究 ················· 005
　　1.2.2　水流挟带漂浮物数值模型研究 ······································· 007
　　1.2.3　极端水力条件下结构物所受漂浮物冲击力影响的研究 ······· 009
　　1.2.4　海啸灾害建筑物预测破坏评估相关研究 ·························· 013
　1.3　研究内容 ··· 017

第二章　水动力-离散元耦合数值模型 ·· 019
　2.1　水动力数值模型 ·· 019
　　2.1.1　控制方程 ·· 019
　　2.1.2　数值格式 ·· 020
　　2.1.3　边界条件 ·· 022
　　2.1.4　模型验证 ·· 023
　　　2.1.4.1　物理模型试验验证——OSU港池试验 ···················· 023
　　　2.1.4.2　大尺度实际灾害验证——2011年日本海啸 ············· 028
　2.2　流体对结构物作用力计算模块 ··· 033
　　2.2.1　计算公式 ·· 033
　　2.2.2　物理试验验证——奥克兰大学水槽试验 ························· 034
　2.3　离散元(DEM)数值模型 ··· 037
　　2.3.1　控制方程 ·· 038
　　2.3.2　接触力模型 ··· 038
　　2.3.3　计算稳定性 ··· 040
　　2.3.4　模型验证——解析解算例 ··· 040
　2.4　多颗粒法数值模型 ··· 041
　　2.4.1　多颗粒法基本思想 ··· 042
　　2.4.2　多颗粒法计算方法 ··· 042

2.5 水动力-DEM(MSM)模型双向动态耦合方法 ·············· 043
    2.5.1 流固相互作用 ·· 044
        2.5.1.1 流体对固体研究对象作用力 ··················· 044
        2.5.1.2 固体研究对象对流体作用力 ··················· 045
        2.5.1.3 固体对固体研究对象作用力 ··················· 045
    2.5.2 漂浮物启动流速 ·· 046
    2.5.3 漂浮物间的接触检查 ·· 047
    2.5.4 漂浮物撞击力 ··· 049
2.6 程序实现 ··· 049
    2.6.1 显卡(GPU)并行技术 ·· 049
    2.6.2 耦合程序计算步骤 ··· 050
2.7 耦合模型验证——河海大学水槽物理模型试验 ··············· 051
    2.7.1 试验设置 ··· 051
    2.7.2 结果分析 ··· 056
2.8 本章小结 ··· 061

第三章 极端水流—结构物—漂浮物相互作用过程模拟 ············· 062

3.1 水流与结构物相互作用 ··· 062
    3.1.1 OSU-TWB 水槽试验 ··· 062
    3.1.2 NRC-CHC 水槽试验 ··· 065
3.2 水流与漂浮物相互作用 ··· 067
    3.2.1 稳定水流条件下解析解推导与验证 ························ 067
    3.2.2 复杂水流条件下漂浮物运动过程——Albano 水槽物理模型试验
    ··· 068
3.3 水流—结构物—漂浮物相互作用 ··································· 074
    3.3.1 漂浮物初始干床条件——NRC-CHC 漂浮物撞击试验 ············ 074
    3.3.2 漂浮物初始湿床条件——OSU LWF 漂浮物撞击试验 ············ 077
    3.3.3 漂浮物撞击力与"纯水"条件下水流力关系 ··············· 080
3.4 本章小结 ··· 081

第四章 确定性建筑物破坏状态评估模型 ······························· 083

4.1 建筑物破坏评估确定性方法 ·· 083
4.2 现实算例——美国俄勒冈 Seaside 地区假想海啸过程模拟 ······ 087
    4.2.1 研究区域介绍 ·· 087
    4.2.2 数值模型设置 ·· 089

  4.2.3 模拟结果分析("纯水"条件) ··············· 092
    4.2.3.1 水力特征 ··············· 092
    4.2.3.2 建筑物受力与破坏状态评估 ··············· 096
    4.2.3.3 敏感性分析 ··············· 099
 4.3 本章小结 ··············· 103

第五章 水流挟带漂浮物情况下建筑物破坏状态的评估 ··············· 105
 5.1 水流挟带漂浮物条件下建筑物破坏状态研究 ··············· 105
  5.1.1 单一类别漂浮物 ··············· 105
    5.1.1.1 车辆 ··············· 105
    5.1.1.2 树木/木质碎片 ··············· 111
    5.1.1.3 集装箱 ··············· 115
  5.1.2 综合类别漂浮物 ··············· 122
 5.2 纯水条件与考虑漂浮物条件模拟结果对比 ··············· 124
 5.3 本章小结 ··············· 127

第六章 结论与展望 ··············· 128
 6.1 主要结论 ··············· 128
 6.2 研究展望 ··············· 129

参考文献 ··············· 131

后记 ··············· 144

第一章

绪　论

1.1　研究背景

近年来,由于地壳剧烈运动引发的海啸频发,严重地威胁着人类生命及财产的安全。长期以来,海啸被认为是极其罕见的海洋灾害。然而,最新统计数据表明,每年都有造成重大死亡和巨大经济损失的海啸事件发生,海啸的发生概率远高于之前的估计,其在全球范围沿海地区是属于中等风险灾害[1]。虽然海啸在外海的波高可能不足 1 m,但当它到达近岸浅水地区时,波高急剧增高,呈现出高达数十米的巨浪。这些蕴含巨大能量的"水墙"以摧枯拉朽之势击溃沿海防护工程传至陆地,吞没所经过的一切建筑物。如 2004 年 12 月 26 日印度尼西亚的苏门答腊外海发生里氏 9.3 级海底地震,地震引发的海啸沿印度洋海岸线的波高达 30 m。海啸波袭击斯里兰卡、印度、泰国、印度尼西亚、马来西亚、孟加拉、马尔代夫、缅甸和非洲东岸等 14 个国家和地区,造成 30 余万人丧生,其中仅在斯里兰卡就有约 9.6 万座建筑物被毁坏[2]。图 1-1 为印度尼西亚亚齐特别行政区首府班达亚齐(Banda Aceh)海岸地区受海啸袭击前后的情形,图片清晰展示了海啸巨大威力带来的破坏性。

(a) 2004.6.23　　　　　　　　　　(b) 2004.12.28

图 1-1　班达亚齐海岸地区受印尼海啸袭击前后卫星图片

2011 年 3 月 11 日,由于太平洋板块向欧亚板块长期缓慢移动,累积了数百年的能量在瞬间爆发,导致了日本东北部海域发生里氏 9.0 级地震,致使该海域出现规模巨大的海面隆起。隆起的水体随后在重力作用下向四周扩散,产生规模巨大的海啸。海啸引发的巨浪侵入内陆超过 10 km 的范围,出现高达 23 m 的近岸波浪爬高。此次海啸导致了超过约 15 000 人死亡,超过 4 000 条道路和桥梁被摧毁或损坏,造成 121 739 座建筑物完全倒塌和 279 088 座建筑物部分受损,并引发了严重的核泄漏事故,经济损失高达上千亿美元,成为自 1990 年以来损失最高的海啸灾害事件[3-4]。同时,我国海岸线绵长,沿海地区有多次遭受海啸袭击的历史记录,南海地区更因马尼拉海沟的存在,具有遭遇特大海啸袭击的可能性。

此外,受全球气候变化的影响,台风及温带气旋等气象灾害频发,由其引发的风暴潮灾害日益明显。风暴潮的影响区域通常会随着台风和温带气旋的移动而移动,其影响范围可达上千千米且持续数天至数十天不等。若其发生于天文大潮期间,则破坏力进一步加强。风暴潮通常伴随着大浪一起来袭,不仅导致土地淹没、堤防冲毁、海滩侵蚀、房屋毁坏等,还会对航运、海岸边电厂、港口码头产生恶劣的影响。如 2005 年卡特里娜飓风(Hurricane Katrina)对美国新奥尔良地区造成了严重的破坏,飓风及其激发的风暴潮导致了 1 800 多人的死亡,经济损失高达 1 080 亿美元,成为有史以来破坏力最强的一次大西洋飓风灾害。2012 年横扫美国东海岸的桑迪飓风(Hurricane Sandy)在纽约引发了 500 年一遇的风暴潮。飓风及风暴潮影响了美国 1/5 人口,造成至少 113 人死亡。仅在纽约就导致了 43 人死亡,造成直接经济损失超过 190 亿美元[5]。同时,在全球气候变化影响下,海平面上升还将进一步加剧这些灾害的影响。预计美国的海平面到 2080 年会上升 0.3~1.4 m,而这次"500 年一遇"的灾害事件也将成为 25~240 年一遇[6]。2017 年 8 月 20 日,15 级的强台风"天鸽"恰逢天文大潮登陆我国珠海,对珠海、香港、澳门等地区造成了重大破坏,其风力之大、降雨量之强使珠江口西岸地区遭受到几十年一遇的罕见风灾,造成了 24 人死亡和 68.2 亿美元的重大经济损失。

随着经济的发展,这类极端事件对沿海地区所造成的损失也逐渐增加,吸引了越来越多的学者投身于该领域的研究。如 2004 年印尼海啸事件重新唤醒了人们对海啸的研究热潮并极大地推动了与海啸相关的科学研究[7-9],随之而来的众多海啸模型被开发并得到了广泛应用,如欧盟研究中心开发的全球灾害预警与协调系统(GDACS)[10]、美国华盛顿大学开发的 GeoClaw 海啸数值模型[11],极大地提升了沿海地区对海啸的预警能量[12]。

在内陆地区,洪水灾害也一直是人类关注的焦点。统计数据表明,我国洪水灾害造成的损失占各种自然灾害总损失的 40%[13],且随着极端强降水事件逐年增多和城市化的发展[14],突发性洪水所造成的社会经济损失还在进一步加剧[15]。在 2020 年 6—8 月全国汛期期间,多地普降大雨,数百条河流遭遇了超警戒线洪水,最高水位多次超历史纪录。全国报道共27省6 346万人次受灾,死亡失踪219人,倒塌房屋5.4万间,直接经济损失达1 789.6亿元。

在多次极端水灾害相关的新闻视频及灾后调查中,人们发现快速演进的水流在淹没堤岸的同时,还会卷起并携带着树木、车辆、失控船只等,水流携带着大量大小及形状不一的漂浮物一同前进,进一步加剧灾害影响。如图1-2和图1-3

(a) 海啸波挟带汽车向内陆推进

(b) 被破坏的集装箱

(c) 岩手县海啸过后一艘轮船漂浮在房屋的顶部

(d) 海啸过后被冲到屋顶的小轿车

图1-2 日本海啸记录照片

(a) 2020年湖北恩施洪水中车辆被水流卷走

(b) 2020年四川乐山岷江洪水中失控船只撞毁一座在建临时用桥

图1-3 突发性洪水中漂浮物致灾现象

003

所示,在 2004 年及 2011 年的海啸灾害中,一个显著的特征就是海啸携带着延绵数千米的漂浮物一起涌到岸上,如在港口大量堆放的集装箱被巨浪打翻并挟带着与储油罐、办公楼、住宅等建筑物发生撞击并导致严重结构损坏。这些漂浮物不仅对各种沿岸构筑物造成了远大于单纯水流的破坏,还会对水流途经区域的防汛救灾工作造成严重的阻碍。

同时,漂浮物还会引发水道阻塞,导致水位雍高,加大桥梁或水工设施上所遭受的水流力至其垮塌,扩大灾害范围,如图 1-4 所示。2004 年 8 月,英国的 Boscastle 小镇被一场毁灭性的山洪袭击,115 辆汽车被洪水冲走。其中的一些车辆被堵塞在一座桥梁下的河道处,巨大的水压力最终导致桥梁倒塌[16],引发了类似溃坝的洪水过程,极大地加剧了灾害风险。在飓风"桑迪"的灾后考察工作中发现,风暴潮过程中导致美国新泽西州海滩区域破坏的主要原因是结构物的遮蔽作用和水流挟带的漂浮物的撞击作用[17]。在 2011 年日本海啸之后,中日联合代表考察团指出,海啸造成的建筑破坏表现为两个方面,其中一个方面是海啸自身水动力的影响,另一个方面则是水中漂浮物所产生的额外影响[18]。许多灾后实地调查都表明,当水流携有大量漂浮物时,其破坏作用要远远大于海啸前期的单纯水流[19-20],更能造成严重的建筑物损毁[21-22]。特别是漂浮物之间还存在着相互作用关系,如树木枝杈的堆积、汽车之间的相撞等,这些相互作用有可能会造成可燃液体的泄漏,进而导致爆炸、火灾等次生灾害。

(a) 2013 年辽宁浑河洪水抚顺大伙房水库在洪灾中出现的漂浮物坝

(b) 2004 年英国博斯卡斯尔洪水中车辆与树木堆积在桥梁处

图 1-4　漂浮物堆积现象

漂浮物的来源大体上分以下五类,前四类为常见的存在于水库或河道中的漂浮物。分别是自然垃圾,植物的根、枝、叶、杂草等受雨水冲刷后随水流进入江河汇集于水面形成自然漂浮物;生活垃圾,人类生产活动加剧和管理失控导致生活垃圾进入河流构成人工漂浮物;水生生物,水体富营养化造成水葫芦、绿萍等猖獗蔓延产生水生植物漂浮物;冬季浮冰,寒冷地区冬季冰块和冰屑等漂浮在水面也构成水面固体漂浮物。而在极端水灾害事件中,由于水流所涉及的动量惊人,能够卷起原有陆地或水中可移动的物体,成为第五类漂浮物,如垃圾箱、车辆、集装箱、船只等,造成远超出人们意料的破坏,故本书将重点围绕该类仅出现在极端水灾害中且造成额外破坏的漂浮物开展研究与探讨。

尽管海啸、风暴潮、突发性洪水在形成机制、持续时间以及影响范围上不尽相同,但它们在登陆后的演进过程中却有着很多相同的水力特征。这些由海啸、风暴潮或突发性洪水引发,包含强对流浅水波的水流状况被视作为极端水流。但是到目前为止,对极端水灾害的研究以及相应的模拟大多数是基于"纯水"假设。对这些水力条件下漂浮物运动的研究还处于初步阶段,对于水流—漂浮物—结构物的相互作用还缺乏深入了解,也缺乏有效的模型工具。而忽略漂浮物作用会在很大程度上影响模拟结果的准确性,这已经成为当前对于海啸及风暴潮数值模拟中的重要局限[12]。因此,在极端水灾害事件频繁发生的当下,有必要对风暴潮、海啸或突发性洪水等极端水流所携带的漂浮物运动进行深入的研究,弄清流体、漂浮物及被撞击的结构物之间相互作用的物理过程及机理。同时,还需要制定可靠的方法来评估极端水灾害对建筑物和基础设施的影响,以促进沿海地区或洪泛区的风险管理、城市规划和建筑设计的发展。

1.2 研究现状

近年来,学术界针对极端水灾害中水流淹没过程及"纯水"致灾机制开展了大量研究[23-31],极大地丰富了河口海岸水动力学的内涵,增进了对灾害本质的认识。在 2011 年日本海啸之后,学者们开始关注极端水灾害中漂浮物的致灾问题,并围绕浪流、漂浮物及其与结构物相互作用机理及相应的破坏评估等物理过程,从流体力学(水灾害模拟)、结构力学(结构物破坏)、高效计算模拟(显卡 GPU 计算)等方面,利用理论分析、物理模型试验和数值模拟等方法开展了相关研究。但是,这些研究所关注的浪和流在水力特性上跟海啸、风暴潮或突发性洪水都有着或多或少的区别,因此,大多数成果在研究极端水力条件下的流体—漂浮物—结构物相互作用中并不能借鉴。

对于已有的相关国内外研究成果及研究动态,将从以下几方面进行总结、概括与评价:首先是漂浮物物理模型以及理论研究;其次重点回顾目前涉及极端水力条件下漂浮物的数值模型研究;最后简要叙述现有的海啸等自然水灾害下结构物受漂浮物撞击力,以及总体建筑物破坏的评估方法研究。

1.2.1 极端水力条件下漂浮物物理模型以及理论研究

为了研究漂浮物的基础运动,专家学者们通过物理模型试验和理论研究进行了初步的探索。2014年,美国俄勒冈州立大学的Rueben等[32]学者在一个长度为48.8 m、宽度为26.5 m的港池中开展了理想环境下无障碍物的漂浮物运动模拟试验。试验中,利用设置于港池一侧的造波机制造孤立波的形式模拟海啸波。他们采用了一种以摄像视频为基础的光学算法来跟踪记录长方体漂浮物模型在港池底床上的运动过程,发现漂浮物在初始延波浪传播方向的运动轨迹重复性较好,但是在后期水流回溯阶段的运动轨迹是无规律的。并且,由于该光学算法通过识别绘制在每个模型顶部的圆点图案进行运动捕捉,故在大尺度试验中可以非常好地记录下相关数据。而在小尺度试验中,这种方法却无法精准识别每个盒子顶部的图案,会导致试验数据的不完整。2016年,加拿大渥太华大学的Nistor和Goseberg等[33-34]进行了一系列的港池试验,他们建造了一个带有垂直墙体的模拟码头平台,利用造波机模拟极端水力条件,研究海啸袭击典型集装箱堆场时的水流运动情况。他们还使用了一种"智能漂浮物(Smart Debris)"模型,这种漂浮物模型搭载了定位系统,可被实时追踪。该系统利用运动传感器记录物体的轨迹、方向和速度。试验中用造波机产生的孤立波模拟了海啸,利用放置在港池中的智能漂浮物模型记录它们的最大纵向位移、扩散角度和具体运动过程。2017年,渥太华大学的Stolle等[35]学者在水槽中利用溃坝波的形式模拟海啸波,研究了漂浮物的轨迹和运动速度。在他们的研究中,按照正态分布对试验中漂浮物侧向位移进行了分析。然而,这些物理模型试验基本局限于实验室环境,对漂浮物复杂的运动过程的理解仍处于初步讨论阶段,均未着眼于流体—漂浮物—结构物三者之间的复杂作用过程。因此,风暴潮和海啸引起的高动能流体携带大量漂浮物并与岸上结构物之间相互作用这一复杂过程仍不能被定性地描述,对这方面的模拟研究基本上还是一个空白,亟需开展更深入地讨论。

  随着试验技术与数据的积累,有一些学者开始尝试在试验基础上进行理论分析,以便更好地理解和描述流体与挟带漂浮物之间的相互作用。Matsutomi等[36]学者进行了一系列溃坝水槽试验,研究漂浮物在浪流前锋聚集的现象,并建立了一个简单的理论模型。该模型采用传统的浅水波理论来估算漂浮物的速度,并且提出涌浪前沿聚集的漂浮物产生的阻力会导致水深的增加,但同时会导致漂浮物速度的减慢和延缓涌浪的传播,同时,漂浮物的运动速度总是小于或等于波浪向前方传播的速度。Imamura等[37]学者在一个开放式的水槽中进行了一系列溃坝波试验,用立方体或长方体模型代表漂浮物,模拟石块在海啸传播过程中的运动过程。他们考虑了跃移和滚动两种运动方式,以受力平衡为基础,提出了一种估算石块与地面接触运动过程的理论模型。Shafiei等[38]则是利用内嵌的追踪传感器记录了漂浮物在溃坝水流条件下的加速度。他们假设漂浮物在水流与之接触时立刻开始运动,且浪流前端之后的水流流速是恒定的。在此基础上根据受力平衡条件推导出了漂浮物运动速度的计算公式。这些理论分析工作都依据观测的物理现象，试图理解和解释由流体和固体相互作用引起的物理过程。但这些研究目前都是在理想化或简化的条件下发展推导的，很难扩展到更广泛的实际工程应用。

1.2.2 水流挟带漂浮物数值模型研究

为了更好地将已了解的漂浮物在极端水力条件下的运动规律运用到实际工程中，也为了更完善地研究漂浮物的运动过程和作用机理，数值模型作为目前主流的研究工具，已经被专家学者们运用于流动水流和漂浮物相互作用的研究中。在数值模拟中，通常采用耦合模型的方式来同时表达固体和流体的运动。目前的耦合方法可以分为三大类：固体—流体的单向耦合（One-way Solid-to-fluid coupling）、流体—固体的单向耦合（One-way Fluid-to-solid Coupling）以及流固双向动态耦合（Two-way Dynamic Coupling）[39]。固体—流体的单向耦合方式主要研究对象为流体，固体的运动则是依据给定的运动轨迹来计算。但是，这样的耦合方式关注的重点为实时预测模拟，而不是计算结果的准确性[40]。流体—固体的单向耦合方式则是利用耦合的流体模块来计算固体的运动，这导致模型忽略了固体对流体的反馈作用。例如，Stockstill 等[41]学者研发了一个利用有限单元法浅水模型和离散元（DEM）的流体—固体的单向耦合模型，并用该模型对较浅的河道水流中，导航结构影响下的漂浮物运动过程做了模拟。他们的数值模型通过港池试验得到了验证。但是，这个模型缺少了激波捕捉的能力，并不能直接运用于更加剧烈的条件，如海啸、风暴潮等对漂浮物运动影响的模拟。单向耦合模型只适用于研究对象为流体与固体其中之一的情况，并且其适用条件是：其中一方面单向作用产生的影响占两者相互作用的主导地位[40]。

双向动态耦合是指可以模拟出流体推动固体运动，且固体的运动反作用于流体的一种数值计算方法。一些早期的双向耦合模型采用传统的欧拉流体模型和拉格朗日固体模型进行模拟[42-44]。但是，由于这两个独立模型之间不同计算系统和计算网格划分的差别，模型中需要用不同的模拟层（Layer）来分别模拟不可压缩的流体和可变形的固体。因此，这些早期模型不能适用于有复杂形状固体的情况，并且也不能准确量化预测出流固之间的相互作用[40]。

近期，大部分的模型尝试利用受力分析或者插值格式的方法进行双向耦合来表达流体和固体之间的相互作用。在现有使用受力分析方法进行耦合的模型中，最为重要且最具有代表性的两个流固相互作用力是：由于固体颗粒与流体之间相对速度差产生的拖曳力以及固体在流体中由于漂浮或浸入产生的浮力[45]。垂直方向的浮力可以根据水力学已有的阿基米德公式进行准确的数值计算，然而，求解拖曳力却并没有准确的计算公式。目前的耦合模型基本依靠经验公式进行与拖曳力相关的计算,把拖曳系数(Drag Coefficient,C_d)带入公式中以调控拖曳力的大小。拖曳系数的取值或计算公式由不同的情况人为选定,通常与固体颗粒(单元)的形状以及给定的流态相关[46]。在河流动力学领域,Hopkins和他的合作者们将一个一维的非稳态水力模型和一个简单离散元(DEM)模型相耦合,以扁圆形的固体颗粒为模拟对象,在数值上求解和模拟河流中漂浮物(如冰块)的运动及聚堆情况[47-48]。在他们的研究中,对于四种不同直径的圆形浮冰在河道中运动的运动情况及它们导致水流阻塞的情况进行了模拟。在该模型中,拖曳系数与浮冰面积和相应的水流方向有关。然而,海啸和风暴潮所挟带的漂浮物的几何形状通常较圆形浮冰更为复杂,包括更多种的尺寸、规模和形状。Ruiz-Villanueva 等[49]对大型木块在山区快速洪水中的运动过程开展了研究,研发了一个二维的数值模型用于该过程的模拟。模型以一个有限体积法求解浅水方程水动力学模型为框架,耦合过程中,利用拉格朗日法处理圆柱体木块,木块上受到的水流拖曳力作为一个附加的源项被加入浅水方程的计算过程中。该模型中,拖曳系数根据木块的形状、在水流中的相对位置以及相应雷诺数进行取值,整体模型通过受力平衡理论计算大型木块的运动过程。模型还被进一步发展用于重现和分析木块、水流、漫滩以及结构物之间的相互作用过程[50-51]。在其他的科学研究领域中,也有涉及利用这种拖曳系数计算拖曳力的方法来耦合 DEM 模型和计算流体力学(CFD)模型,如采矿工程、化学研究和地质学领域工程等[52-56]。虽然参数化的拖曳力已经得到了广泛的应用,但很明显的是,海啸或者风暴潮引起的洪水过程以向前传播的涌浪为主,涉及了浪与地形相互作用以及干湿床变化等过程,而人为设置的拖曳系数有相对局限的使用条件。在模拟各种漂浮物在快速变化的极端水流中运动时,拖曳系数的使用还有待商榷。

另外,有一些数值模型使用插值格式的方法来描述固体和流体之间的相互作用过程。插值格式是指在数值计算过程中插值光滑函数从而得到场函数积分表达式,继而可以确定出场函数导数近似式的方法。Wu 等[40]学者基于大涡模拟(Large Eddy Simulation,LES)的紊流模型,研发了一个可以模拟固体在自由表面流体中运动的双向耦合数值模型。流体自由表面使用流体体积法(Volume-of-Fluid,VOF)追踪,固体的位移和转动情况通过 DEM 模型进行计算,耦合过程中利用插值方式计算固体表面的流体压力。这种插值格式被广泛地应用在无网格模型中,比如,近年来流行的无网格光滑粒子法(Smoothed Particle Hydrodynamics,SPH)。众多学者尝试将 SPH 模型与 DEM 模型通过插值方式进行耦合,用于计算漂浮物的动态特征。由于 SPH 模型和 DEM 模型中研究对象都被看作一系列粒子,因此可以将 DEM 模型中的粒子带入 SPH 模型中进行插值计算,从而获得压强和相对速度等运动要素的数值,然后根据牛顿运动定律，依据作用力与反作用力原理，得到流体的正应力和黏性剪切力等力学要素的数值[57]。Ren 等[58]学者研发了一个二维双向耦合的 SPH-DEM 模型，用来模拟波浪与岸边斜坡上大量不规则石块的相互作用过程。模拟过程中，这些石块由于波浪施加的动水压力而运动。模型中通过改进了的内插值的方式进行耦合，用以消除相互作用压力计算过程中的波动情况。Canelas 等[59]学者在 SPH 模型框架中新增了一个离散化的 DEM 模块，以模拟流固相互作用。耦合过程中，该模型将固体边界的颗粒单元暂时看作流体颗粒单元，流固颗粒单元之间的接触力被看作是相斥力和阻尼力的组合，并通过插值进行计算。Canelas 等[60]学者还用已开发的数值模型模拟了单个固体单元的运动，并与试验值进行了对比验证。Robb 等[61]学者研发了一个双向耦合的 SPH-DEM 模型模拟小尺度情况下河流中的冰块阻塞的情况，随后，将其扩展到适用于其他自由表面流体中固体运动的模拟情况。模型中，流体—固体和固体—固体之间的相互作用均使用局部黎曼解进行求解，固体施加给流体的作用力通过 SPH 方法中的相邻流体颗粒单元内插方法来解决。但是，由于 SPH 方法中内部固有的不稳定性，以上的耦合模型可能会导致计算波浪力时候产生波动，进而影响结果的准确性。因此目前这些模型暂时还只能是定性地模拟了流体与固体之间的相互作用过程[58]。

还有一小部分数值模型尝试使用 SPH 模型同时模拟自由表面流体和在流体中运动的固体单元。Canelas 等[62]学者在 SPH 模型的连续方程中加入一个新的计算项来均匀离散化刚性固体和流体，以便同时在空间和时间上模拟流固之间相互作用过程。这个新的计算项有助于稳定颗粒密度场以及最小化不连续点接触面上的系统密度，减小计算误差。Amicarelli 等[63]学者为了重现刚性固体在自由表面流体的运动过程，开发了一个三维的 SPH 模型。模型中，他们修正了流体与固体界面加速度有关的边界项，以便稳定地获取在移动物体周围的压力值。同时，整体上采用偏保守的弹性撞击过程来表示固体之间的相互作用，以保持动量和动能的守恒。接着，他们还进行了溃坝水槽试验，物理模型试验中设置有两个固定障碍物和三个可移动漂浮物，并利用物理模型的数据对其数值模型做了验证[64]。但是，这些 SPH 数值模型所需计算资源巨大，目前还不能开发运用于大范围的计算模拟。总的来说，代表了流体和固体之间的复杂相互作用的成熟的数值模型的发展仍处于初级阶段[65]。

1.2.3　极端水力条件下结构物所受漂浮物冲击力影响的研究

在极端水灾害研究方面，Yim[66]分析了海啸及风暴潮对沿岸地区桥梁结构的水动力荷载，并综述了这个领域的物模试验以及数值模型研究。Nistor 等[67]人指出目前世界各地的设计规范在海啸对结构物的作用方面明显考虑不足，并针对海啸对柱状结构物的冲击力开展了物理模型试验以及数值模拟分析。他们在物理模型试验中用溃坝波来模拟海啸波,在数值模拟上采用光滑粒子法来建模,数值结果跟试验数据吻合较好。然而,这些成果都是基于"纯水"的假定,并没有考虑水流携带的漂浮物对结构物产生的附加作用。近年来,已有一些国内外学者针对极端浪流条件下海洋结构物及岸上建筑物所受到的冲击和影响开展了研究,但是目前还没有形成完整且成熟的认识。

2012年,美国联邦应急管理局(Federal Emergency Management Agency, FEMA)出版的设计规范 *The Guidelines for Design of Structures for Vertical Evacuation* 中建议将海啸波的力分成以下8种:静水压力(Hydrostatic Force)、浮力(Buoyant Force)、动水压力(Hydrodynamic Force)、冲击力(Impulsive Force)、漂浮物撞击力(Debris Impact Force)、漂浮物堆积力(Debris Damming Force)、上升力(Uplift Force)和建筑内部水流导致的额外附加重力(Additional Gravity Load)[68],并且指出,这些力并不是同时加载在结构物上,在不同时刻这些水流力组合并不是相同的。其中,对于漂浮物撞击力的估算则是给出了经验公式:

$$F_i = C_m u_{\max} \sqrt{km} \tag{1.1}$$

其中,C_m为附加质量系数(Added Mass Coefficient),$u_{\max}$为漂浮物所处位置的最大流速,m和k为漂浮物的质量和有效刚度。

一些学者已经开始定量地研究漂浮物对结构物或建筑物的撞击作用力[69-70]。2002年,Haehnel和Daly[71]研究了单自由度(Single Degree-of-freedom,DOF)情况下木质漂浮物与刚性结构物之间的相互作用力,并根据试验结果提出了圆柱体木质漂浮物最大冲击力的计算公式。同时,他们还发现当圆柱体木质漂浮物模型的主轴与水流方向一致时,对结构物产生的冲击力最大。而当漂浮物水平转动,主轴与水流方向产生一定角度时,冲击力随角度变大而减小,直至漂浮物主轴平行于水流方向。但是,试验中仅测得结构物沿水流方向所受的冲击力,对于漂浮物模型转动后产生的其余方向的冲击力以及相应的弯矩并未考虑[65]。2013年,美国夏威夷大学的Riggs和Kobayashi,俄勒冈州立大学的Cox,还有理海大学的Naito等[72]学者在美国自然科学基金的资助下,利用摆锤装置分别测量了实际尺寸集装箱和圆柱体原木在空气中与水中的运动速度和撞击力,发现漂浮物在空气与水中撞击速度基本一致。因此,提出在设计规范中计算水中漂浮物撞击力时,可以按照其在空气中的撞击力进行计算,不考虑水体本身的附加质量效应。他们更进一步研究了漂浮物对结构物的作用力,将试验数据与三维有限元结构分析模型计算结果进行比较,然后推导验证一维模型以便于工程应用[73]。2014年,Piran Aghl等[74]学者在此基础上详细分析了影响撞击力的相关因素,并总结出了一维圆柱体漂浮物单向撞击结构物时的等价刚度与撞击力的计算公式。但是,这些研究通常都是利用单自由度模型描述水上漂浮物与结构物之间的撞击作用,最大撞击荷载与漂浮物的特性无关,仅是漂浮物质量、撞击速度和物体有效刚度的函数。

2007年,Arikawa等[75]学者开展了1∶5比例的集装箱模型在空气中和海啸波中运动的物理模型研究,并且依据赫兹接触力学(Hertzian Contact Mechanics)公式,提出了适用于计算试验中集装箱模型对结构物撞击力的经验公式。该方法相较于单自由度情况下的研究还增加考虑了漂浮物的几何特性与撞击时的受力分布情况。2016年,Ikeno等[76]学者利用实际尺度的圆柱体原木在空气中和水中的分别进行了撞击试验。他们在大型水槽中利用溃坝波模拟海啸,发现漂浮物撞击结构物时导致周围水体变化激烈,从而很难测量漂浮物撞击时的速度。而当选取漂浮物离结构物较远时的运动速度作为其撞击速度时,发现漂浮物需要更高的运动速度,才能产生与空气中相同的撞击力。因此,提出在漂浮物撞击结构物时,周围的水流可能对漂浮物具有一定的缓冲作用,并对Arikawa等[75]学者提出的经验公式进行了改进,新的公式适用于计算更多尺寸的漂浮物撞击力。

但是,以上的这些研究在结构物受力方面都只考虑了其垂直于撞击面的力,忽略了其他方向的力与弯矩。2016年,Shafiei等[38]学者使用了具有内嵌追踪传感器的漂浮物模型和设有三轴测力仪的结构物进行了一系列溃坝水槽试验,首次展示出了漂浮物撞击时,结构物在其水平和垂直方向的受力情况。并且,发现试验中漂浮物在水中撞击结构物时,产生的撞击力约是其在空气中撞击力的1.5倍。因此,他们认为在考虑漂浮物撞击力时需要加上水体的附加质量,并提供了依据试验结果得出了计算附加质量的经验系数。可以发现,目前的研究中关于漂浮物撞击结构物时,水体对漂浮物的作用还存在颇多争议,对于水体附加质量系数的研究也还不成熟,急需更多的试验对其进行探讨[65]。

2018年,加拿大渥太华大学的Derschum等[77]学者使用了1∶40比例的标准集装箱模型进行了一系列溃坝水槽试验,并提前利用应力应变测试计算得出了模型在不同角度下表现出刚度的实际数值。在水槽下游,设有一个加载了六轴测力传感器的结构物模型,传感器被安置在空心结构物模型的底部,可以测量结构物撞击面方向(x轴)、水流方向(y轴)与垂直方向(z轴)的总受力值和总承载弯矩。其中,y方向上结构物模型所受的力被认为是漂浮物撞击力(动荷载)与水压力(准静态荷载)的总和,测得的信号经分解过滤后,可以得到该方向结构物所受漂浮物撞击力与水压力的历时曲线。在试验过程中,他们还利用高速照相机获取了漂浮物的撞击速度与角度,并且捕捉到了撞击阶段漂浮物模型在水面的滚动(Roller)过程。值得一提的是,该物理模型试验中,首次在结构物上设置了位移传感器,测量得到了结构物顶部受撞击瞬间的位移值。传感器在试验中记录的结构物最大瞬间位移达 0.004 m,也就是说,结构物在撞击过程中,并不满足将其看作是刚体的条件。

然而,前人的相关研究与公式全部基于对撞击物和被撞结构物的刚体假设,为了研究这种假设导致的误差,2018 年,渥太华大学同一研究团队的 Stolle 等[78]学者结合漂浮物的相关数据,按照前人提出的不同撞击力公式进行计算,并与实测值进行了对比分析,发现均不能很好地模拟出结构物非刚性情况下漂浮物产生的撞击力。因此,他们在 Haehnel 和 Daly[71]提出的计算公式上,新增了一个无量纲的系数以弥补结构物不满足刚体假设导致的误差,改进后的公式计算结果与试验测量值吻合较好。同时,他们还针对前人研究中关于水体对漂浮物附加作用在不同试验中表现相互矛盾的现象,提出了可能与漂浮物模型密度有关的论点。但是,以上的相关研究都是基于实验室条件下单一漂浮物撞击固定结构物的物理模型,目前还没有适用于任意形状和尺寸的漂浮物引起的撞击荷载的公式或计算方法。

海啸和风暴潮发生时,水流速度极快,地形复杂,因此水上漂浮物会被赋予极大的动量并对建筑物产生巨大的作用力,漂浮物和被撞击结构都有可能发生形变,并且形成强非线性流体—漂浮物—结构物之间的相互耦合作用,刚体假定在这种复杂情况下不再成立。在这种不成立的情况下,目前已有的用于计算大质量低速运动中的漂浮物所产生的撞击力计算公式将不能发挥其应有的作用。当中所涉及的物理过程极其复杂,同时受到漂浮物特性(如质量、速度、加速度)和结构物特性(如刚度和惯性矩)的影响。有一些学者从结构力学的角度对漂浮物撞击结构的情况开展研究,基于已有的漂浮物撞击力经验公式,结合有限元模型对漂浮物和建筑结构进行了数值模拟研究[79-81]。这些研究关注了在漂浮物多种撞击形式下,被撞建筑物的受力及结构响应变化。但是,由于缺失了对灾害中水体的模拟,仅分析了固体与固体之间的撞击作用,还未能对水流、漂浮物和建筑结构三者之间相互作用进行全面的探讨。

同时,当漂浮物群堆积在构筑物上游迎水面时,会改变水流环境,增加构筑物受到的作用力,美国 FEMA 机构的设计规范中称之为"漂浮物堆积力(Debris Damming Force)",并仿照拖曳力的计算方式利用经验公式对其进行估算[68]:

$$F_{dm} = \frac{1}{2}\rho_s C_d B_d (hu^2)_{\max} \quad (1.2)$$

其中,ρ_s 为含沙的流体密度,C_d 为拖曳系数,B_d 为阻塞漂浮物的结构物宽度,h 和 u 分别为水深和当地流速。但是这个经验公式缺少实验数据和理论的支持,只能暂时运用于对构筑物的设计当中,作为安全保障的参考[65]。Panici 和 De Almeida[82]

针对山区河流中大型树木漂浮物对桥梁的破坏现象,通过水槽实验研究了树木漂浮物在单个桥墩处堆积的形成原因及堆积形态,同样采用拖曳力的方式对漂浮物堆积产生的力进行分析,并对拖曳系数与水流流态的关系进行了初步探索。但是由于他们模拟的水流条件较为平缓,该研究成果并不能适用于分析极端水灾害中高速水流携带漂浮物群堆积条件下构筑物所受的作用[65]。

国内的相关规范很少涉及漂浮物带来的影响,对于漂浮物撞击的情况大都按照"非正常撞击"归类于设计时的"偶然状况",适用于有特殊要求的承载能力极限状态设计或进行防护时使用,在计算时则通过协议以确定代表值[83-85],尚未有明确的参考公式或相关标准对漂浮物带来的影响进行评估。然而,在沿海地区或洪泛区域内,忽略或低估漂浮物带来的影响很可能会导致建筑物或水工结构物在灾害中结构失稳,造成不可挽回的损失。

值得注意的是,当多个漂浮物一起作用于建筑物时,一方面,有些建筑物可能对其后方建筑物起到掩护作用,同时也可能有建筑物的存在改变漂浮物运动轨迹而导致其他建筑受到更加严重破坏的情况;另一方面,建筑物受到的漂浮物堆积产生的力与受到的漂浮物撞击力可能并非在同一时刻发生,但若已有漂浮物在建筑物前堆积,此时又遭受到大型漂浮物的撞击,两者相互叠加产生的破坏作用将是无法估量的。因此,目前还未有学者对漂浮物堆积产生的力开展深入研究[65],也就是说,漂浮物堆积产生的力的大小,以及影响漂浮物群和建筑物之间相互作用的因素及其破环程度都仍未知。

1.2.4 海啸灾害建筑物预测破坏评估相关研究

为了尽可能地减少建筑物在海啸等水灾害中受损的情况,众多学者提出了关于海啸引起的建筑物破坏预测评估方法。一些早期的建筑物破坏评估方法主要依靠经验进行分析。比如,Papathoma 等[86]学者提出的针对特定区域内每个房屋进行评估分析的 Papathoma Tsunami Vulnerability Assessment(PTVA)模型,模型对所研究的房屋都会给予一个人为赋值的 Relative Vulnerability Index(RVI)值作为破坏评估的参考。但是,PTVA 模型并不是一个可以精确用于计算结构稳定性的方法,且由于没有经过充分验证,也不可以被看作为一个建筑易受损度评估模型。尽管该模型后期又加入考虑了水流袭击建筑物的影响,并融合了多重参数加权平均分析方法进行修正,发展为 PTVA-3 模型,但仍仅可用于对建筑物在海啸中的易损性进行简易的评估。并且,这些模型只能在不考虑详细的海啸传播和淹没过程的情况下,在特定的案例研究中对建筑物进行主观分析[87-88]。

随着遥感技术在海洋灾害中得到越来越广泛的应用,高质量高分辨率数据的采集为近期建筑物灾害受损分析提供了发展的基础。例如,通过特定事件和地区在灾难前后的卫星图片对比,建筑物的破坏形态可以很容易地被确定和归类[89-90]。在此基础上,发展成熟的建筑物破坏评估方法逐渐出现,主流的方法可以归纳为两大类:概率性方法(Probabilistic Approaches)和确定性方法(Deterministic Approaches)[91]。

概率性方法是基于统计分析的基础上,构建的反映灾害事件强度(x轴)和结构损伤反应(y轴)的连续函数。由于统计方法可以对灾难性事件固有的不确定性和结构与海啸的复杂交互作用的过程自动调整,概率性方法在实践中得到了广泛的应用。这些函数关系考虑到不同的因素,包括地面环境、建筑材料、建筑规范和地理位置,对建筑物破坏状态进行了充分的分类。概率性方法的两种主要表达形式为:破损曲线(Damage Curves)和易损性曲线(Fragility Curves/Functions)[92]。破损曲线为建筑物可能受到的破坏状态和完全破坏状态之间的关系提供参考曲线[93-94]。2006年南爪哇大海啸(South Java Tsunami)后,Reese等[95]学者利用基于全球定位系统(GPS)的方法,以淹没水深作为反映灾害强度的值,构建了木材、钢筋混凝土(RC)和砖砌建筑的破损曲线。2004年印度洋海啸后,Murao[96]收集了斯里兰卡地区的1 535座房屋的数据资料,并据此将破坏状态分为四类:完全伤害(Complete Damage)、重度伤害(Heavy Damage)、中度伤害(Moderate Damage)和轻微伤害(No/Slight Damage)。

易损性曲线与破损曲线不同,这一类型的曲线或相应的函数代表的是在给定的危险水平下,建筑物可能受到的损坏的失效概率[97]。推导易损性曲线函数最基本的方法是统计分析和概率论。例如,Dias等[98]学者统计斯里兰卡西南部、北部和东部地区被归纳为"完全损坏"的建筑个体数量,将海啸淹没水深高度定义为自变量参数,利用累积频率分布函数对此处的易损性曲线进行了研究。随着数据采集手段的发展,回归分析也越来越多的被众多学者引入易损性曲线的研究之中。在使用的正态分布函数或对数分布函数构造易损性曲线时,这一方式有助于确定相应的均值和标准差。例如,2010年智利海啸期间,一个名为Dichato的小镇上的建筑物遭受了严重的破坏,Mas等[99]学者以水深为参考值,利用标准化对数正态分布函数以及线性最小二乘回归技术建立了该地建筑物的易损性曲线。2017年,Hatzikyriakou等[100]学者在以最大动量值为参考值构建的似然函数(Likelihood Function)基础上,结合了逻辑回归分析,推导出适用于对不同住宅结构的易损性曲线,并且单独对建筑物相互依赖性进行了分析。然而,这些统计学方法的使用,通常需要大量高质量的数据,以便建筑物破坏类别的划分和易损性函数的构造,而这些可适用的高质量数据并不总是易获取的。与此同时,在推导不同的易损性曲线时,使用不同的数值分析技术和假设条件可能会导致不同的结果。因此,概率性方法很难适用于不同案例的共性研究[92]。

在概率性方法的研究推导过程中,影响结果的因素除了数据质量和推导方法，还有对用于判断灾害强度的代表值，即函数对应的自变量的选取。这个量通常被称为强度参数（Intensity Measure，IM）。不同的灾害评估方法中，强度参数也不尽相同。在初期的研究过程中，最大的淹没水深通常被选作代表海啸施加在结构物上作用的强度参数[99,101]。虽然水深是测量或可预测的最简单水力特性参数，但它并不能有效地反映海啸波和结构之间的动态相互作用。因此，专家学者们开始尝试用动量流或水流产生的作用力作为强度参数来进行破坏评估。2004年印度洋海啸之后，Suppasri等[102]学者研究了建筑物破坏概率数据和淹没水深、水流流速以及动水压力之间的关系。FEMA则研发了以海啸中水流的动量流（hu^2）为强度参数的易损性曲线。Park等[91]学者利用这些新兴的易损性曲线和其规范的动量流计算方式，评估了在美国俄勒冈州Seaside地区如若发生海啸灾害情况下建筑物的破坏情况。Attary等[103]人则认为双强度参数的易损性曲线可以更好地分析水流与结构物的相互作用，并提出了一个混合了侧向水压力和水深作为强度参数的易损性曲线，且其研究对象是一个三层楼的钢结构建筑物。2017年，Petrone等[104]人在综合了前人的研究后，提出海啸波的最大水压力相比于水流流速和淹没水深而言，才是评估建筑物破坏最为有效的代表灾害强度的强度参数。

不同于概率性的方法，确定性的方法更多地集中关注基于物理过程的理论分析，以便能直接地将水压力和相应的结构物响应联系起来。然而，确定性方法的应用目前大大地受到限制，其中原因有二：其一，目前对极端水流作用于结构物复杂物理过程的了解不足；其二，大范围模拟计算整个物理事件的高计算效率要求难以满足。因此，目前只有少量的学者涉足直接评估建筑物破坏的确定性方法研究。2009年，Dias等[98]学者针对确定性方法做出了初次尝试性研究，他们对海啸波浪力在"完全破坏"的建筑物上施加的总力进行了计算。但是，他们的研究仅仅是根据淹没水深的高度来对波浪力进行了简化计算。尽管确定性的方法在目前仍受到多种限制，但是，当有精确的海啸波浪力计算方法和将力与破坏形态相联系的理论支持的情况下，这种方法将具有极大的实用价值和开发潜力。

最大水流力是确定性的方法中最常见的用来评估建筑物破坏的参考标准，这个峰值力也是各种结构破坏的直接成因，因此，众多的相关研究被开展以期更好地计算和预测这个值。Nistor等[67]学者进行了一系列水槽试验，研究海啸对方形柱体与圆柱体结构物施加的水动力，并且采用光滑粒子法对其进行了重现。Robertson等[105]学者进行了一系列水槽试验，记录了水槽中平台上的结构物与孤立波的相互过程，并且提出了估算水流撞击结构物时最大水压力的设计公式。Yeh等[106]学者分析了水流力中各个力大小与组合情况随时间变化的过程，并且指出对于沿岸建筑物来说，当海啸力的第一个最大峰值力作用在其靠海一侧的结构墙上时是其在灾害过程中面临的最为危险的时刻。这个峰值力的取值在规范和各个学者的研究中,通常使用海啸波峰值之后产生的动水压力的1.5倍来估算其数值[68,103,106]。然而,这种经验计算并没有足够的实验室资料和实测数据来支持,因此,最危险的第一峰值力的计算仍然没有被明确地定义。

专家学者还对单独或组合的水流力与它们造成的建筑物破坏关系进行了一系列的研究。Hayashi 等[107]学者探测了2011年日本海啸中一幢在宫城县女川城内的两层钢结构建筑物上所受的静水压力和动水压力,发现建筑物破坏形态更多的可能是在结构物上均匀分布的动水压力造成的。Yeh 等[108]学者同样研究了2011年日本海啸中的一些经典结构失稳破坏的案例,并且将其成因分别归纳为:足够的淹没水深、过高的水流流速、受到水流侵袭的地基破坏以及过大的上升力。Liang 等[109]学者在二维浅水方程水动力学模型的基础上,进一步开发了一个可以计算预测浪流对结构物产生的静水压力和动水压力综合的数值模型。Arimitsu 等[110]学者提出了一个类似的数值方法,并用其重现了海啸波力作用于陆地上结构物港池试验,重点研究了结构物上最大水流力的垂向分布。Tokimatsu 等[111]学者利用一个二维浅水方程模型估算了5幢在女川的受灾房屋所受到的动水压力和浮力,并且将结构失稳形式分为:滑移(Sliding)、抬升(Uplift)和倾覆(Overturning)。一些计算水力学模型(Computational Fluid Dynamics,CFD)也被用于模拟和评估预测小尺寸的桥梁和防波堤失稳的事件[112-114]。但是,这些研究都只是聚焦于研究分析海啸水流对于单个或几个结构物及建筑物的作用力或作用效果,还不能明确地将力与对应的破坏状态联系起来。

2013年,Chock 等[115]学者首次尝试直接通过受力分析的方法来评估建筑物破坏情况。他们分析了水流施加在一些建筑物上的静水压力和动水压力作用下的几种典型侧向荷载分布形式,并对相应的破坏模式进行了分析。他们还进一步分析了位于日本东北部的房屋破坏种类,通过结构静力弹塑性分析方法(Pushover Analysis)对比了海啸波施加的侧向力与房屋本身的非弹性结构地震侧向承载能力之间的关系。结构静力弹塑性分析方法是基于弹塑性曲线(Pushover Curve)的一种非线性静力方法,是直观展现力与参考点发生非弹性变形之间关系的传统方法,在判断结构对于灾害程度的响应程度时,结构参考点的位移大小较该点受力值是一个更直观更方便的指标[116]。弹塑性曲线也叫作承载力曲线(Capacity Curve),是给定建筑物的侧向承载能力系统的具象反映,为受力大小和建筑物状态提供了直接关联的标准[117-118]。在当下的实际工程运用中,为了对抗建筑物侧向会发生的地震力或风压力等,每一个建筑物都会设计一个特定的侧向承载力系统。在这个系统中,所有的侧向力都会通过建筑物内部的楼层隔板的变化转移到侧向承载系统,然后最终由建筑物地基承载这部分外力,保证建筑物的安全[119]。可以发现,从外部施加的海啸横向载荷作用与从内部直接施加的水平地震力尽管在施加方式上有所不同,但将建筑物看作一个受力单元时,其最终抵抗侧向力的方式和结构分布是类似的。

在地震学的研究中,弹塑性曲线方法已经被广泛运用来分析非弹性建筑物的侧向承载力系统、相应的结构响应和大范围的灾害评估[120]。例如,FEMA 开发的"多灾害损失评估模型(Hazards United States Multi-Hazard, HAZUS-MH)"。HAZUS-MH 提供了不同建筑物类型在不同情况下的多种设计承载力曲线和易损性曲线[121]。其中,按区域划分了建筑物可能面对的地震强度,并且可以进行大范围的地震灾害评估[122]。目前,包括印度、加拿大、美国等国家都有学者利用 HAZUS-MH 进行了城市区域的尝试性的地震评估探索研究[123-125]。Attary 等[119]学者指出 HAZUS-MH 中提供的对于地震灾害评估的标准也可以适用于结构物在海啸中的灾害评估。他们于 2017 年提出了一种利用 HAZUS-MH 中的侧向承载力系统参数和建筑物分类方法来描述结构物与海啸波之间的相互作用的模型,并且以一个三层钢结构建筑为例,结合经验易损性曲线进行了分析,但是他们提出的方法不适用于大范围内的建筑灾害评估[103]。同年,Park 等[91]学者结合已有的水动力学模型,同样采用了 HAZUS-MH 中的易损性曲线,按不同灾害强度标准和建筑物类型,首次尝试分析了大区域海啸中建筑物破坏的可能性。

可以发现,目前利用建筑物侧向承载力系统来进行海啸灾害评估技术的发展还处于初级阶段:局限于将单个或几个建筑物作为研究范围;或需要其他水动力数值模型的支持,才能进行全过程的建筑物破坏研究分析。而且,对于大范围计算域,如城市区域的规划和风险管理分析等,不仅需要更多的计算模拟工作,而且由于城市环境地形从几何角度给水动力特征产生了巨大的影响,还必须使用高分辨率才可以得到精准的数值预测结果[126]。这要求在使用的整体模型中,流体力学模块需要对海啸事件进行高分辨率模拟,同时,模型还要具备对全部计算域内的不同类型的建筑物响应进行分别计算的能力。

1.3 研究内容

综上所述,极端水灾害事件的形成和破坏,虽然已经得到了广泛的关注和研究,但对于极端水流中漂浮物运动及其破坏的探索研究目前还处于初步阶段,缺乏更加深入的分析和系统性的研究。在目前国内外相关研究领域中,高动能流体携带大量漂浮物并与岸上结构物之间相互作用这一复杂过程的物理特性仍不能被准确地描述,能模拟这一过程的数值模拟研究基本上还是空白。虽然已有学者在试验过程中对漂浮物特性有了一定的研究,并且进行了尝试性的理论推导,但这些研究目前还都是在具有理想假设的条件下发展起来的,很难扩展到更广泛的实际工程应用中。尽管现有的一些规范里,给出了计算海啸过程中结构物所受力的经验公式,但并不能精确地表现结构物的整个受力过程变化。同时,相关计算公式中的系数来源于工程实际经验,既不能准确考虑周围环境的影响,也不能将其和结构物破坏状态直接联系起来。由于对流体和固体之间的复杂相互作用理论认识的不足,也就导致可以模拟极端水力条件下水流与漂浮物运动的成熟双向动态耦合模型的发展仍处于起步阶段。极端条件下波浪与漂浮物和结构物之间相互撞击的物理过程与相应数模研究更是处于初级阶段。目前的漂浮物撞击力计算公式也局限于带有人为设定参数的经验公式,仅关注单个漂浮物单次撞击的情况,忽略了对多个漂浮物多次撞击的复杂实际情景的模拟。

并且,如何有效地分析与评估、防范与减少灾害带来的损失,是海洋科学与技术研究领域中非常重要的课题。在海啸灾害评估技术方面,目前的确定性方法局限于单个或几个建筑物的研究。评估系统中融合的其他水动力数值模型也大多考虑"纯水"条件,忽略了漂浮物的影响。最新引入的利用建筑物侧向承载力系统来进行灾害评估技术将受力与破坏状态直接联系在一起,具有很强的发展潜力。

在这个全球气候变化异常的时代,人们急需建立一个既考虑极端水灾害全过程模拟,又可以综合考虑水流和漂浮物及大范围建筑物破坏的评估模型,同时将其运用于探索、分析流体—漂浮物—结构物间的相互作用的机理及规划和设计海岸工程和海啸逃生建筑物等实际工程中。本书对于其中涉及的物理过程和相互作用机理的探索,为建筑物在水灾害中的破坏形态分析和预测提供重要的理论基础,为人类分析以往给民众及地区带来重大损失的水灾害事件提供新的手段,为沿海城市的规划与建筑布局提供新的设计思路,为增强沿海建筑物的结构性能和稳定性方面提供新的防范措施。

由此,本书主要研究内容如下:

(1) 研究水动力模型和离散元模型相耦合的数值方法。

(2) 研究实现高速水流带动下的漂浮物与结构物的撞击过程物理模型试验的技术和方法。

(3) 研究不同情况下流体—漂浮物—结构物间相互作用机理。

(4) 研究极端水力灾害下建筑物受力情况以及相应的破坏评估方法。

(5) 研究"纯水"条件和水流挟带漂浮物条件下,结构物受力及破坏状态的区别。

第二章

水动力-离散元耦合数值模型

本章建立了一个双向动态耦合数值模型并对模型进行了验证。本章共分为 8 小节,第 2.1 节详细介绍了基于浅水方程的二维水动力数值模型,包括其控制方程、数值格式、边界条件等,并对水动力模型在极端水灾害过程中的模拟能力进行了验证。第 2.2 节在模型中进一步考虑了水流对结构物的作用力;第 2.3 节详细介绍了适用于模拟固体漂浮物的离散元数值模型,包含控制方程、接触力模型、数值稳定性等,并利用解析解进行了验证;第 2.4 节介绍了用于离散元数值模型中的多颗粒法,包含该方法的基本思想与计算方式;第 2.5 节推导了水流与漂浮固体相作用的计算公式,提出了水动力数值模型与多颗粒离散元模型的耦合方法;第 2.6 节介绍了构建双向动态耦合的水动力-离散元数值模型的实现方式;第 2.7 节通过物理模型试验对模型中采取的耦合方式进行了验证;第 2.8 节为本章总结。

本章中构建的水动力-多颗粒离散元双向动态耦合数值模型全部基于中央处理器(Central Processor Unit,CPU)和图形处理器(Graphics Processor Unit,GPU)技术,在英伟达(NVIDIA)公司提供的计算架构 CUDA(Compute Unified Device Architecture)平台上搭建。

2.1 水动力数值模型

研究中使用的水动力数值模型部分基于 Liang[127] 开发的高精度水动力模型,该模型通过求解二维浅水方程得到如水位、流速和流量等要素。编程平台基于 Microsoft Visual Studio 2013(VS 2013)环境下的 CUDA 8.0 运算平台,使用 C++ 语言完成程序编写。

2.1.1 控制方程

水动力数值模型的控制方程为二维浅水方程(Shallow Water Equations,SWEs),二维 SWEs 的矩阵形式可写为如下格式[128]:

$$\frac{\partial \boldsymbol{q}}{\partial t} + \frac{\partial \boldsymbol{f}}{\partial x} + \frac{\partial \boldsymbol{g}}{\partial y} = \boldsymbol{s} \tag{2.1}$$

其中，t 代表时间，x,y 分别代表平面两个方向的坐标，q,f,g,s 分别代表包含着流体变量，x 方向通量，y 方向通量以及源项的矢量。它们可以用以下形式表示：

$$\begin{aligned}
\boldsymbol{q} &= \begin{bmatrix} \eta & uh & vh \end{bmatrix}^{\mathrm{T}}; \\
\boldsymbol{f} &= \begin{bmatrix} uh & u^2h + g(\eta^2 - 2\eta z_b)/2 & uvh \end{bmatrix}^{\mathrm{T}}; \\
\boldsymbol{g} &= \begin{bmatrix} vh & uvh & v^2h + g(\eta^2 - 2\eta z_b)/2 \end{bmatrix}^{\mathrm{T}}; \\
\boldsymbol{s} &= \begin{bmatrix} 0 & -\dfrac{\tau_{bx}}{\rho} - g\eta\partial z_b/\partial x + S_{vx} - S_{px} & -\dfrac{\tau_{by}}{\rho} - g\eta\partial z_b/\partial y + S_{vy} - S_{py} \end{bmatrix}^{\mathrm{T}}
\end{aligned} \quad (2.2)$$

式中，η 代表水平基面以上的水位高度，h 代表水深，z_b 为水平基面以上的底床高程值，且三个量值相关关系为：$\eta = h + z_b$。u 和 v 分别代表水流在 x 方向和 y 方向的断面平均流速，ρ 代表水的密度，g 为重力加速度，$\partial z_b/\partial x$ 和 $\partial z_b/\partial y$ 代表 x 方向和 y 方向的底床斜率。τ_{bx} 和 τ_{by} 则代表底床摩擦应力，表示为：

$$\tau_{bx} = \rho C_f u \sqrt{u^2 + v^2}; \tau_{by} = \rho C_f v \sqrt{u^2 + v^2} \quad (2.3)$$

C_f 代表着底床糙率系数，可以按曼宁公式求得：

$$C_f = gn^2/h^{\frac{1}{3}} \quad (2.4)$$

其中，n 代表曼宁系数。

源项中，为了更准确地模拟较为复杂的水流条件，以及更好地为水动力数值模型与 DEM 模型的耦合做准备，该模型在式（2.2）的源项中增加了黏性（紊流）项，S_{vx} 和 S_{vy} 的计算公式如下：

$$\begin{aligned}
S_{vx} &= \dfrac{\partial}{\partial x}\left(2hv_{m}\dfrac{\partial u}{\partial x}\right) + \dfrac{\partial}{\partial y}\left[hv_{m}\left(\dfrac{\partial v}{\partial x} + \dfrac{\partial u}{\partial y}\right)\right]; \\
S_{vx} &= \dfrac{\partial}{\partial x}\left[hv_{m}\left(\dfrac{\partial v}{\partial x} + \dfrac{\partial u}{\partial y}\right)\right] + \dfrac{\partial}{\partial y}\left(2hv_{m}\dfrac{\partial v}{\partial y}\right)
\end{aligned} \quad (2.5)$$

其中，v_m 代表动量扩散系数[129]。具体的求解方法参见 Wang[130]。

并且，源项中还引入了新的 S_{px} 和 S_{py} 项，代表漂浮物在 x 方向和 y 方向上对水流产生的反作用力（应力）。该项是固体对流体及其力学特征值（如流速、水深）产生影响的体现，也是水动力数值模型与 DEM 模型双向动力耦合的关键，相关的计算将在 2.5 节进行详细介绍。

2.1.2 数值格式

模型中使用二阶有限体积（Finite Volume Method，FVM）Godunov 格式求解上述控制方程，使用两步 MUSCL-Hancock 方法来保证其空间和时间上的二阶精度。

MUSCL-Hancock 方法先计算中间时间步长 $\Delta t/2$ 后变量的值作为预测步：

$$\boldsymbol{q}_{i,j}^{k+1/2} = \boldsymbol{q}_{i,j}^k - \frac{\Delta t}{2\Delta x_{i,j}}[\boldsymbol{f}(\boldsymbol{q}_e^L) - \boldsymbol{f}(\boldsymbol{q}_w^R)] - \frac{\Delta t}{2\Delta y_{i,j}}[\boldsymbol{g}(\boldsymbol{q}_n^L) - \boldsymbol{g}(\boldsymbol{q}_s^R)] + \frac{\Delta t}{2}\boldsymbol{s}_{i,j} \tag{2.6}$$

其中，i,j 代表着网格编号；下标 e,w,n,s 分别代表东、西、北、南四个方向；上标 k 代表时间步长；上标 L,R 分别代表计算网格单元界面的左侧和右侧；$\Delta x_{i,j}$、$\Delta y_{i,j}$ 分别代表 x 方向和 y 方向的网格大小。在预测步中，网格界面上的参数 $\boldsymbol{q}_e^L, \boldsymbol{q}_w^R, \boldsymbol{q}_n^L, \boldsymbol{q}_s^R$ 通过 MUSCL 线性插值的方法直接进行计算。式(2.1)和式(2.2)中的源项通过中心差分格式计算。

在校正步中，采用如下公式计算：

$$\boldsymbol{q}_{i,j}^{t+1} = \boldsymbol{q}_{i,j}^t - \frac{\Delta t}{\Delta x_{i,j}}(\boldsymbol{f}_e - \boldsymbol{f}_w) - \frac{\Delta t}{\Delta y_{i,j}}(\boldsymbol{g}_n - \boldsymbol{g}_s) + \Delta t \boldsymbol{s}_{i,j}^t \tag{2.7}$$

区别于预测步，$\boldsymbol{f}_e, \boldsymbol{f}_w, \boldsymbol{g}_n, \boldsymbol{g}_s$ 四个方向上的 Godunov 通量通过求解 HLLC 近似黎曼解得到，以东面为例：

$$\boldsymbol{f}_e = \begin{cases} \boldsymbol{f}_L & 0 \leqslant S_L \\ \boldsymbol{f}_{*L} & S_L \leqslant 0 \leqslant S_M \\ \boldsymbol{f}_{*R} & S_M \leqslant 0 \leqslant S_R \\ \boldsymbol{f}_R & S_R \leqslant 0 \end{cases} \tag{2.8}$$

式中，S_L, S_M 和 S_R 为特征波速，计算公式为：

$$S_L = \begin{cases} u_R - 2\sqrt{gh_R} & h_L = 0 \\ \min(u_L - \sqrt{gh_L}, u_* - \sqrt{gh_*}) & h_L > 0 \end{cases} \tag{2.9}$$

$$S_R = \begin{cases} u_L + 2\sqrt{gh_L} & h_R = 0 \\ \min(u_R + \sqrt{gh_R}, u_* + \sqrt{gh_*}) & h_R > 0 \end{cases} \tag{2.10}$$

其中，

$$u_* = \frac{1}{2}(u_L + u_R) + \sqrt{gh_L} - \sqrt{gh_R} \tag{2.11}$$

$$h_* = \frac{1}{g}\left[\frac{1}{2}(\sqrt{gh_L} + \sqrt{gh_R}) + \frac{1}{4}(u_L - u_R)\right]^2 \tag{2.12}$$

$$s_M = \frac{s_L h_R(u_R - s_R) - s_R h_L(u_L - s_L)}{h_R(u_R - s_R) - h_L(u_L - s_L)} \tag{2.13}$$

式(2.8)中，$f_L=f(q^L)$和$f_R=f(q^R)$分别为左右两边的黎曼状态，f_{*L}和f_{*R}的计算公式为：

$$f_{*L} = \begin{bmatrix} f_{*1} \\ f_{*2} \\ v_L f_{*1} \end{bmatrix}, f_{*R} = \begin{bmatrix} f_{*1} \\ f_{*2} \\ v_R f_{*1} \end{bmatrix} \tag{2.14}$$

其中，f_{*1}和f_{*2}分别为向量f_*的前两项，可采用HLL方程计算：

$$f_* = \frac{s_R f_L - s_L f_R + s_R s_L (q_R - q_L)}{s_R - s_L} \tag{2.15}$$

在模型中，校正步中的源项同样通过中心差分格式求解。为了减少数值震荡，在线性插值的过程中还需要用到斜率限制器以减少数值震荡。线性插值公式为：

$$\hat{U}_i = U_i + \Psi(r) r \nabla U_i \tag{2.16}$$

其中，∇U_i为梯度向量，r为距离向量，$\Psi(r)$为斜率限制函数，该函数定义为：

$$r = \frac{\eta_+ - \eta_i}{\eta_i - \eta_-}, r = \frac{(uh)_+ - (uh)_i}{(uh)_i - (uh)_-}, r = \frac{(vh)_+ - (vh)_i}{(vh)_i - (vh)_-} \tag{2.17}$$

$$\Psi(r) = \max[0, \min(\varphi r, 1), \min(r, \varphi)] \tag{2.18}$$

+、-分别表示再坐标轴正方向和负方向的相邻网格。$1 \leqslant \varphi \leqslant 2$，若$\varphi=1$则为minmod限制器，若$\varphi=2$，则为superbee限制器，本书中使用的是minmod限制器。具体的求解方法参见Liang和Borthwick[131]以及Liang[127]的相关文献。

由于采用显格式有限体积法对方程进行离散时，为保证计算的稳定且不发散，需要保证时间推进求解的速度必须大于物理扰动传播的速度，以确保模型可以俘获到所有的物理扰动。模型使用自适应时间步长，即借用CFL条件，得出求解过程中所允许的最大时间步长，以达到加速收敛，节省计算时间的目的。由CFL条件确定的时间步长为：

$$\Delta t = C \min \left(\min_{i,j} \frac{\Delta x_{i,j}}{|u_{i,j}| + \sqrt{gh_{i,j}}}, \min_{i,j} \frac{\Delta y_{i,j}}{|u_{i,j}| + \sqrt{gh_{i,j}}} \right) \tag{2.19}$$

其中，C为Courant数，取值在$(0,1]$之间。

2.1.3 边界条件

本模型中，通过设置虚拟网格的形式，对边界条件进行处理。虚拟网格位于计算域边界之外，是假想存在的网格，仅利用其中假想存储的数值提供边界处理方案，不参与实际计算。模型中共设置了两种边界条件，为固壁边界和开放边界，取值条件如下：

（1）固壁边界条件：

$$h_B = h_I; \quad u_B = -u_I; \quad v_B = v_I \tag{2.20}$$

其中，下标 B 表示虚拟网格中假想存在的边界值，下标 I 表示实际计算域的边界网格中存储的内部值，u 和 v 分别表示边界法向和切向方向的速度。

（2）开放边界（入流及出流边界）条件：

$$h_B = h_I; \quad u_B = u_I; \quad v_B = v_I \tag{2.21}$$

值得一提的是，实际算例中可能由于边界突变，或缺失边界处部分信息，而在该处出现不符合现实情况的波形。由此产生的边界扰动可能会影响整个计算域内的数值模拟，而产生杂散波（Spurious Wave），导致最终结果产生极大的误差。为了防止这种亚临界流在不规则地形造成的扰动，模型中提出了边界强吸收条件，通过设置一个光滑边界（Smooth Boundary）系数来解决。这个系数代表计算域在边界处向外部（沿外法线方向）扩展少量的单元网格，将这些可能缺少部分信息的边界网格处统一处理。在考虑波高、水深、边界地形特征（凹凸高度、凹凸坡度和凹凸类型）和网格分辨率的影响的基础上，可以自动确定扩展单元数，即光滑边界系数的范围，保证消除扰动的同时，仍旧可以获得稳定和准确的数值模拟结果[132]。

2.1.4 模型验证

2.1.4.1 物理模型试验验证——OSU 港池试验

为了验证上述水动力数值模型的可行性与对实际极端水流的模拟能力，通过使用模型模拟试验对一场海啸淹没进行了重现。Park 等[133]和 Rueben 等[32]学者在俄勒冈州立大学（Oregon State University，OSU）波浪研究实验室（O. H. Hinsdale Wave Research Laboratory）的海啸波模拟港池（Tsunami Wave Basin，TWB）进行了一系列模拟美国俄勒冈州 Seaside 地区的物理模型试验，整个港池长 48.8 m，宽 26.5 m，深 2.1 m，配备有分段活塞式造波机，可以制造的波最大波长为 2.1 m，最大波速为 2.0 m/s。港池采用光滑混凝土建造，港池底面由两个高度不一的水平平面，以及连接它们的斜坡组成。本试验中，由造波机所在边界（左边界）开始，第一个平面长 10 m，接着为一个水平长度 8 m 坡度为 1：15 的斜坡连接另一个水平长度为 15 m 坡度为 1：30 的斜坡，最后为一个高度衔接斜坡并延伸至右边界的平台，其长度为 11 m。

模型中采用亚克力板对地形上的建筑物进行重现，按照 1：50 的比例将模型与实际建筑物一一对应，总体布置无任何失真现象。建筑物群前部设有海堤模型,现实中海堤高约 2 m,港池内模型高度为 0.04 m,整体港池试验布置与模拟相应的建筑物如图 2-1 所示。模型中在港池中设立了 4 个水位观测点[WG1(2.086,−0.515),WG2(2.068,4.065),WG3(18.618,0.000),WG4(18.618,2.860),单位:m],并在模拟的建筑物模型构成的四条"街道"(LINE A—LINE D)上设置了 31 个测点,以观测水深变化,具体坐标见表 2-1。

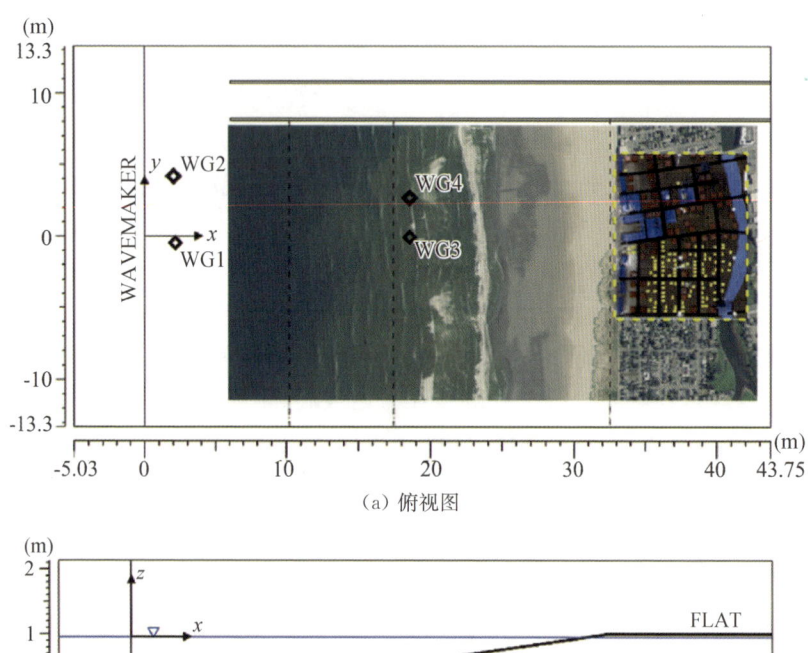

图 2-1　OSU 港池试验布置图[133]

表 2-1　测点坐标　　　　　　　　　　　　　　　　　　　单位:m

No	LINE A		LINE B		LINE C		LINE D	
	x	y	x	y	x	y	x	y
1	33.61	−3.19	33.72	−0.59	33.81	1.51	35.12	3.71
2	34.10	−3.19	34.22	−0.53	34.55	1.60	36.68	3.89
3	34.53	−3.18	34.68	−0.47	35.05	1.69	38.09	4.07
4	35.04	−3.18	35.18	−0.41	35.56	1.77	38.14	3.59
5	35.54	−3.19	35.75	−0.32	36.05	1.85		

续表

No	LINE A		LINE B		LINE C		LINE D	
	x	y	x	y	x	y	x	y
6	36.35	−3.20	36.64	−0.23	37.05	1.99		
7	37.76	−3.20	37.77	−0.07	38.24	2.19		
8	39.22	−3.20	39.22	0.14	39.21	2.34		
9	40.67	−3.32	40.67	0.27	40.40	2.58		

数值模型中,将计算域划分为均匀的正方形网格,网格大小为 0.13 m,导入港池底面结构与建筑物模型后,计算域地形数据如图 2-2 所示。取曼宁系数为 0.03[134],初始水位为 0.97 m(图 2-1 中蓝线),选取左边界为入流边界,并依据造波机板上数据获得水流水位历时曲线,其余边界为固壁边界[135]。

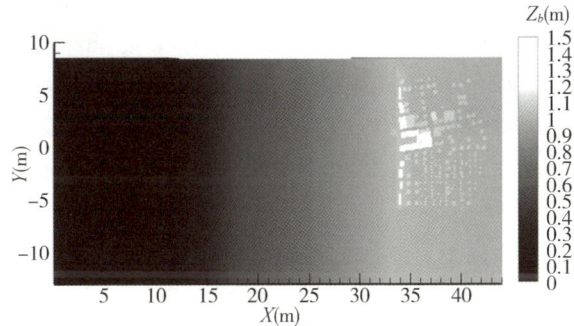

图 2-2 计算域地形数据

由于 WG1 接近入流边界,因此将数值模型预测的水位历时曲线数值结果与试验观测数据进行对比,如图 2-3 所示。其中,尽管数值模拟的结果很好地重现了该处水位的变化过程,在最大波高处数值结果略大于试验,这可能是由于造波机板上的水位与其实际产生的水位有一定误差造成的。图 2-3 中所示的波面传播剖面与海啸波/孤立波相符,即认为该试验算例可以包含海啸波从

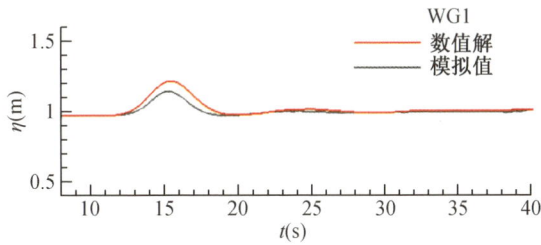

图 2-3 WG1 水位历时曲线数值结果与试验观测数据对比

发生、传播到淹没全部过程。取计算域中建筑物模型所在的局部区域为例,数值模拟的海啸传播与淹没过程如图 2-4 所示,其中灰色背景为初始无水条件下的地形图。

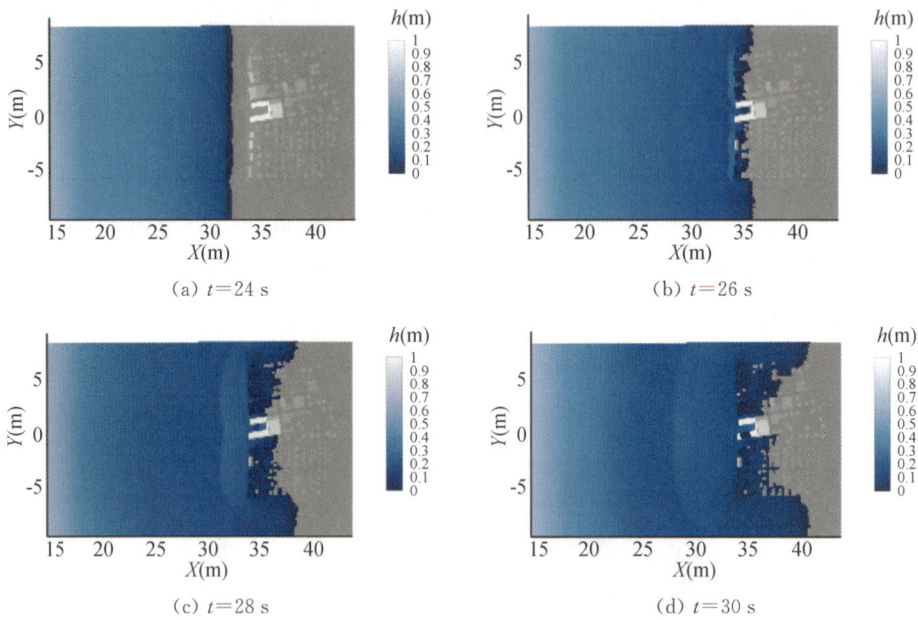

图 2-4 局部区域海啸传播与淹没过程

从图中可以发现,模拟的海啸波约在 $t=24$ s 到海堤模型面前,在 $t=26$ s,海啸波的波前锋已经越过了海堤,与建筑物发生相互作用。在 $t=28$ s,海啸波在建筑物模型区域产生雍高,造成部分建筑物模型被淹没,而在非建筑物模型区域,可以发现水流具有更快的流动速度,整体海啸波在登陆后持续向右侧前进。同时,可以注意到海堤的存在导致了一个反射波的形成。$t=30$ s 时,海啸波继续向前推进,淹没了建筑物模型中更多的区域,同时,之前形成的反射波进一步向左传播。

为了进一步观测海啸波登陆后的淹没情况,图 2-5 选取了建筑物群区域内覆盖 LINE A—LINE D 的 12 个具有代表性的测点,展示了水位历时曲线数值结果与试验测量值的对比结果。图中同 LINE 上的各测点均逐一经历水位的激增过程,即模拟的海啸波前锋到达并向前推进的过程,而对于绝大部分测点来说,海啸波到达的时刻以及随后的水位峰值都很好地被预测到了。由于试验中,建筑物模型体现了实际尺度下的城市环境,故可以认为本书所构建的水动力数值模型适用于模拟和研究海啸波产生、传播,及其登陆后在建筑物集中区域复杂地形条件下淹没过程的。

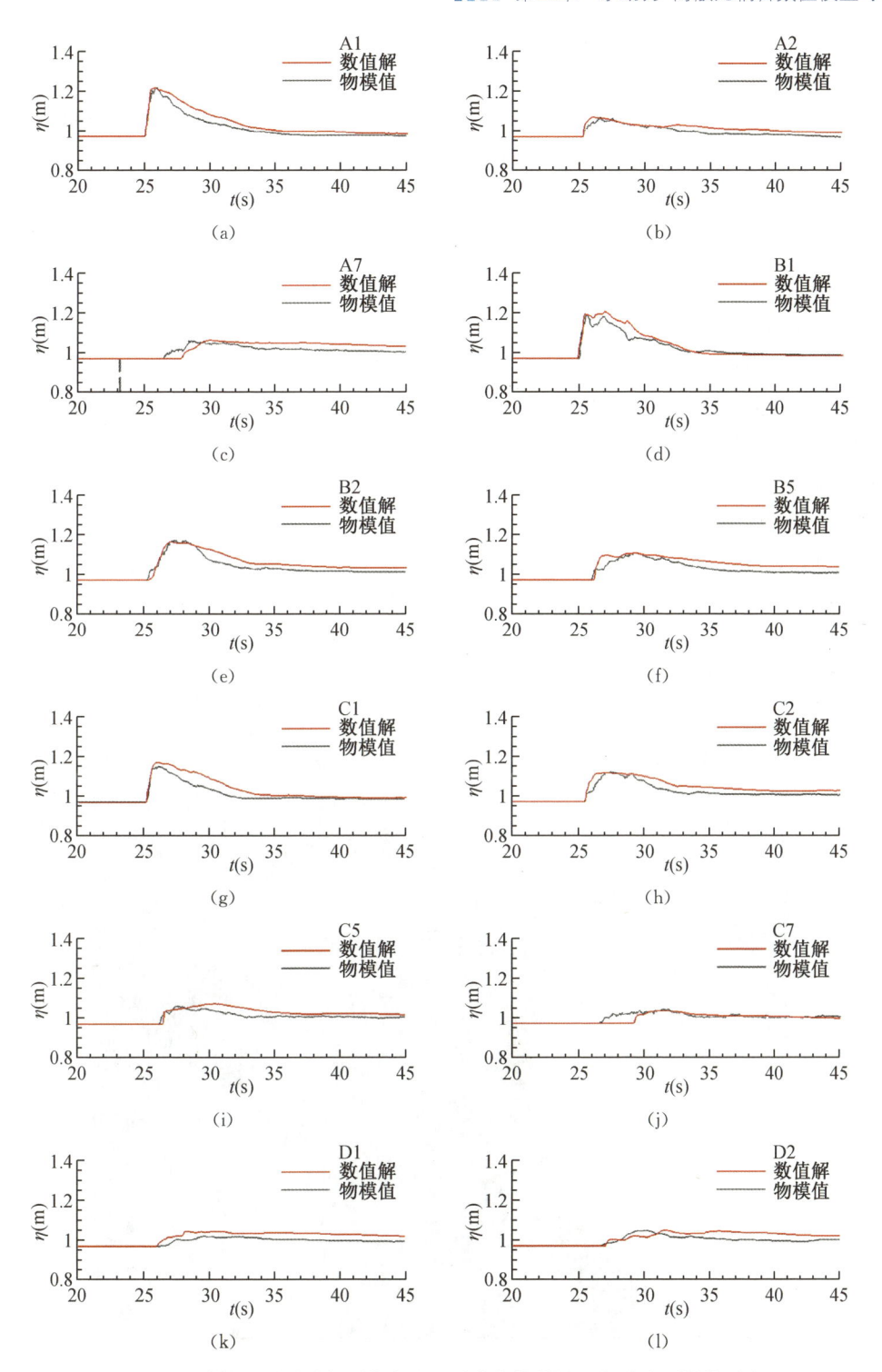

图 2-5 建筑物群区域各测点水位历时曲线数值结果与试验测量值对比

2.1.4.2 大尺度实际灾害验证——2011年日本海啸

2011年3月11日13时46分(北京时间13时46分)西太平洋国际海域发生里氏9.0级地震,震中位于北纬38.1°,东经142.6°,震源深度约10 km。随后,地震引发了巨大的灾害性海啸,侵袭了日本东部大部分沿海地区,造成了巨大的人员伤亡与财产损失。据后续研究表明,海啸波最高爬高达到23 m。这次灾害已有众多学者进行了研究,为了验证构建的水动力数值模型大范围高精度的模拟性能,故选取2011年日本海啸为例进行实际尺度的算例进行验证。计算域包括了整个日本及附近海域的2 000 000 km²,采用自适应网格模型进行处理,得到的基础网格大小为1 350 m。整体曼宁系数采用0.025[136],计算域原点(0,0)对应实际点经纬度坐为(137.732°E,31.593 9°N)。整体计算域如图2-6所示,图中橘黄色星标所在处,即为推断的地震震中。其中,沿日本国东海岸线有众多的GPS浮标、水位测点(图中黄色圆标与蓝色方标),在深海设有海啸探测器(D21418和D21401)等,图2-6同样展示了各点所在位置[137]。

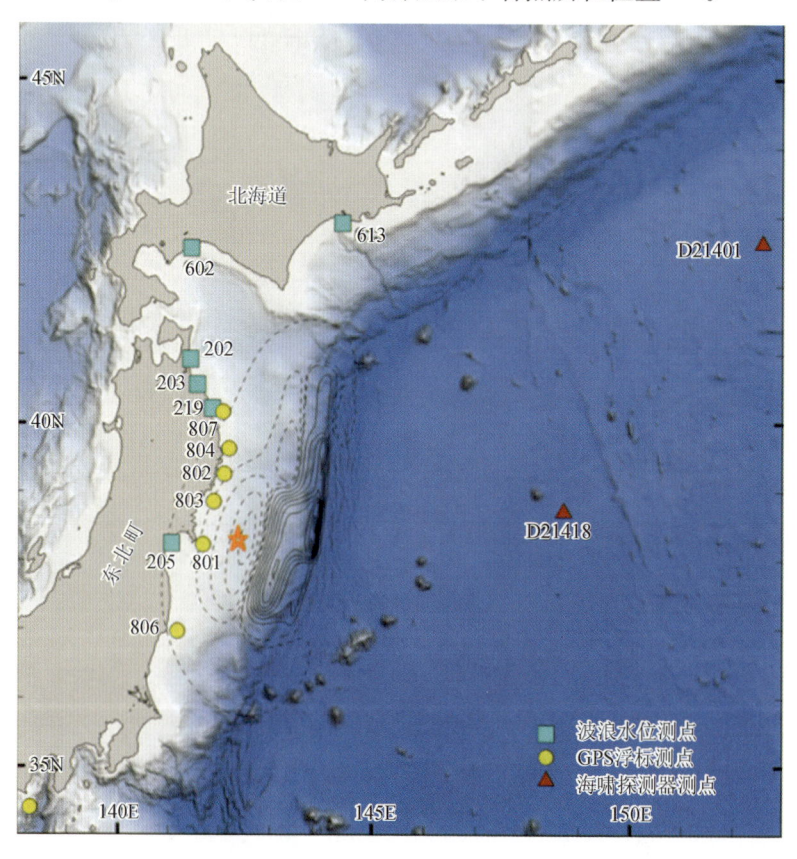

图2-6 2011年日本海啸事件计算域与测点分布示意图[137]

在 2011 年日本海啸发生后,Fujii 等[138]利用海啸灾后数据,结合地震滑坡分布(Slip Distribution)分析,依据海底底床变化,得到了海平面变形情况(Source 1),如图 2-7(a)所示。同时,Wei 等[139]则依据深海海啸探测器记录的数据、海岸浪高等,推导出了地震导致的海平面变化情况(Source 2),如图 2-7(b)所示。本数值模型以地震发生时刻作为 0 时刻,引入以上两个源水位(Source 1,Source 2)条件作为水位的初始条件,分别对海啸发生 6 h 内的海面变化过程进行了模拟。图 2-8 和图 2-9 分别展示了两个震源水位情况下,海啸在前 80 min 内每间隔 10 min(即 $t=10,20,30,40,50,60,70,80$ min)的发展过程。

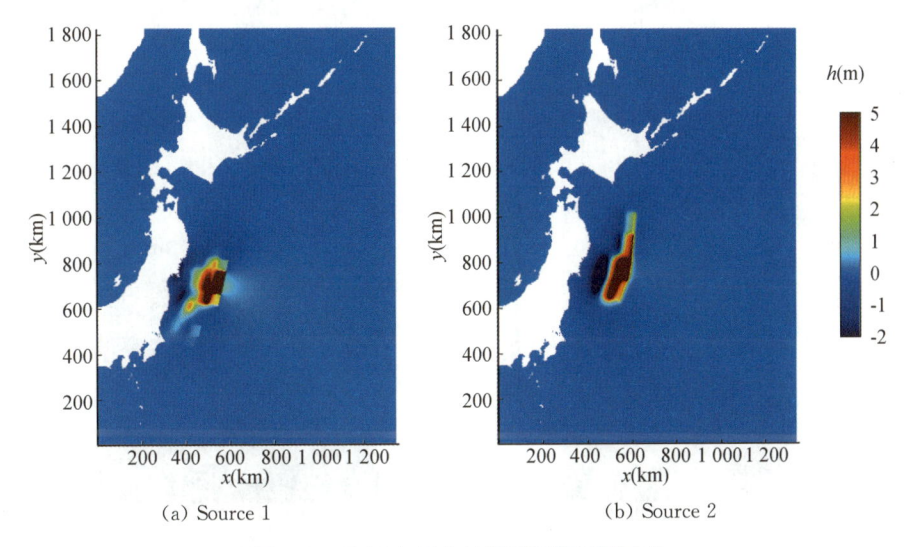

图 2-7　2011 年日本地震时刻海平面水位

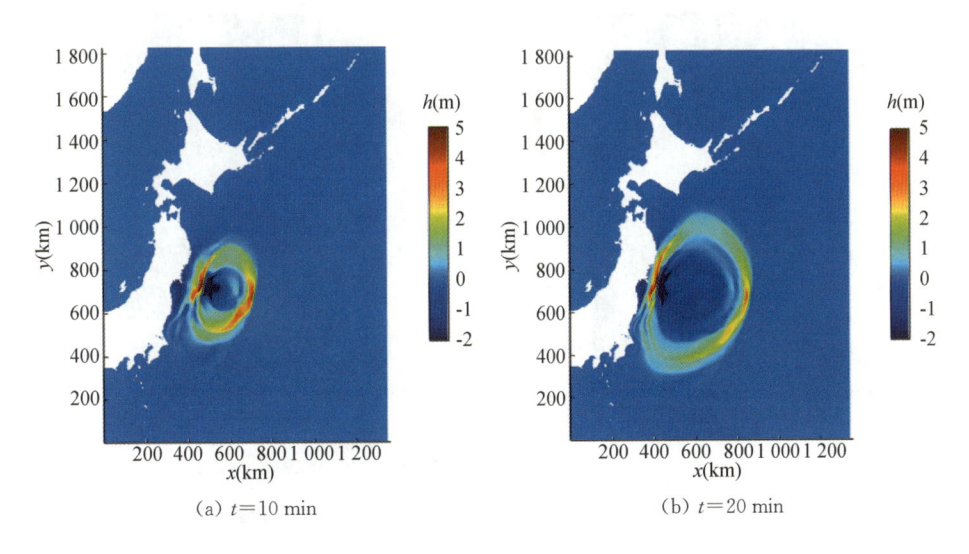

(c) $t=30$ min

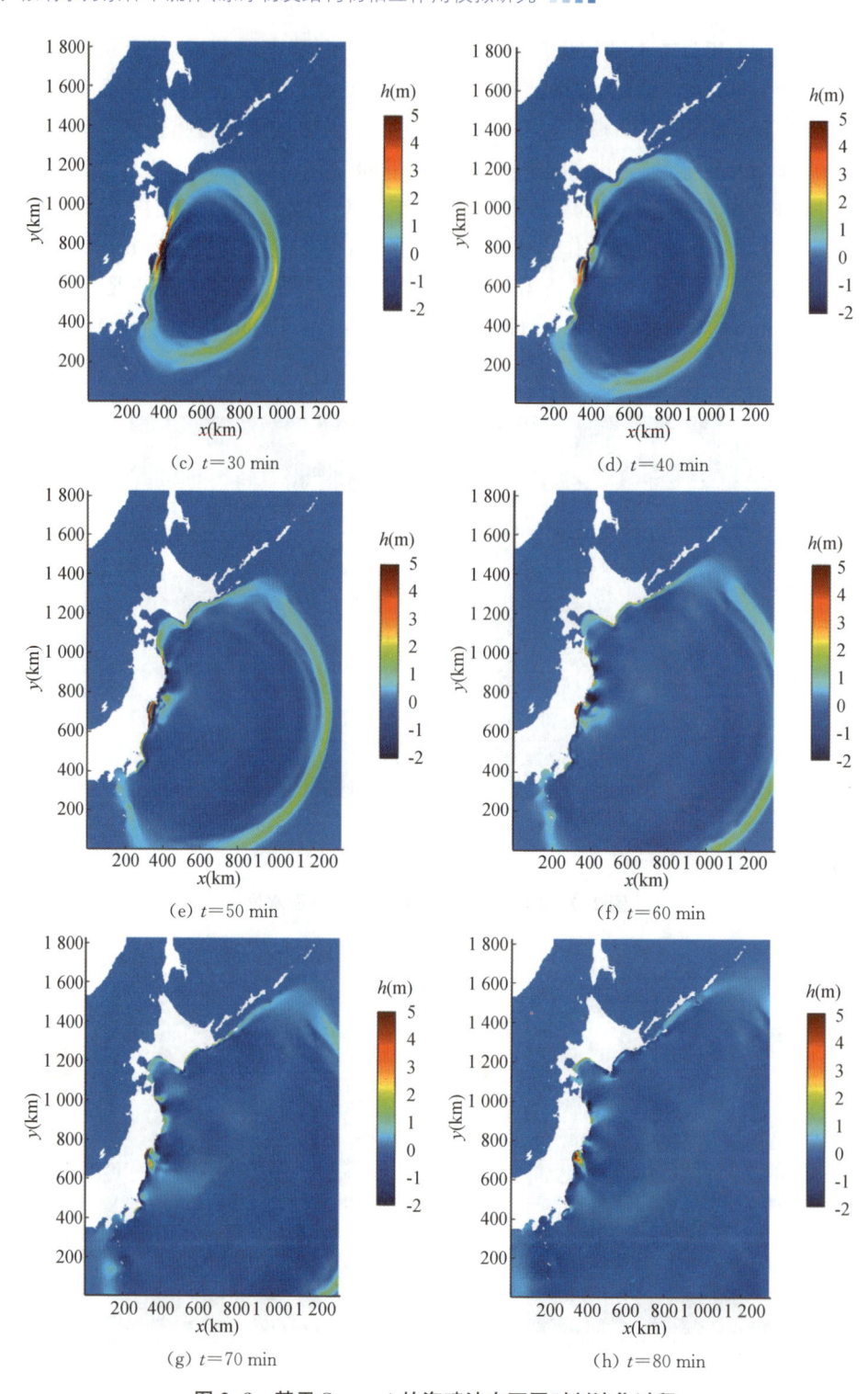

(d) $t=40$ min

(e) $t=50$ min

(f) $t=60$ min

(g) $t=70$ min

(h) $t=80$ min

图 2-8 基于 Source 1 的海啸波在不同时刻演化过程

(a) $t=10$ min

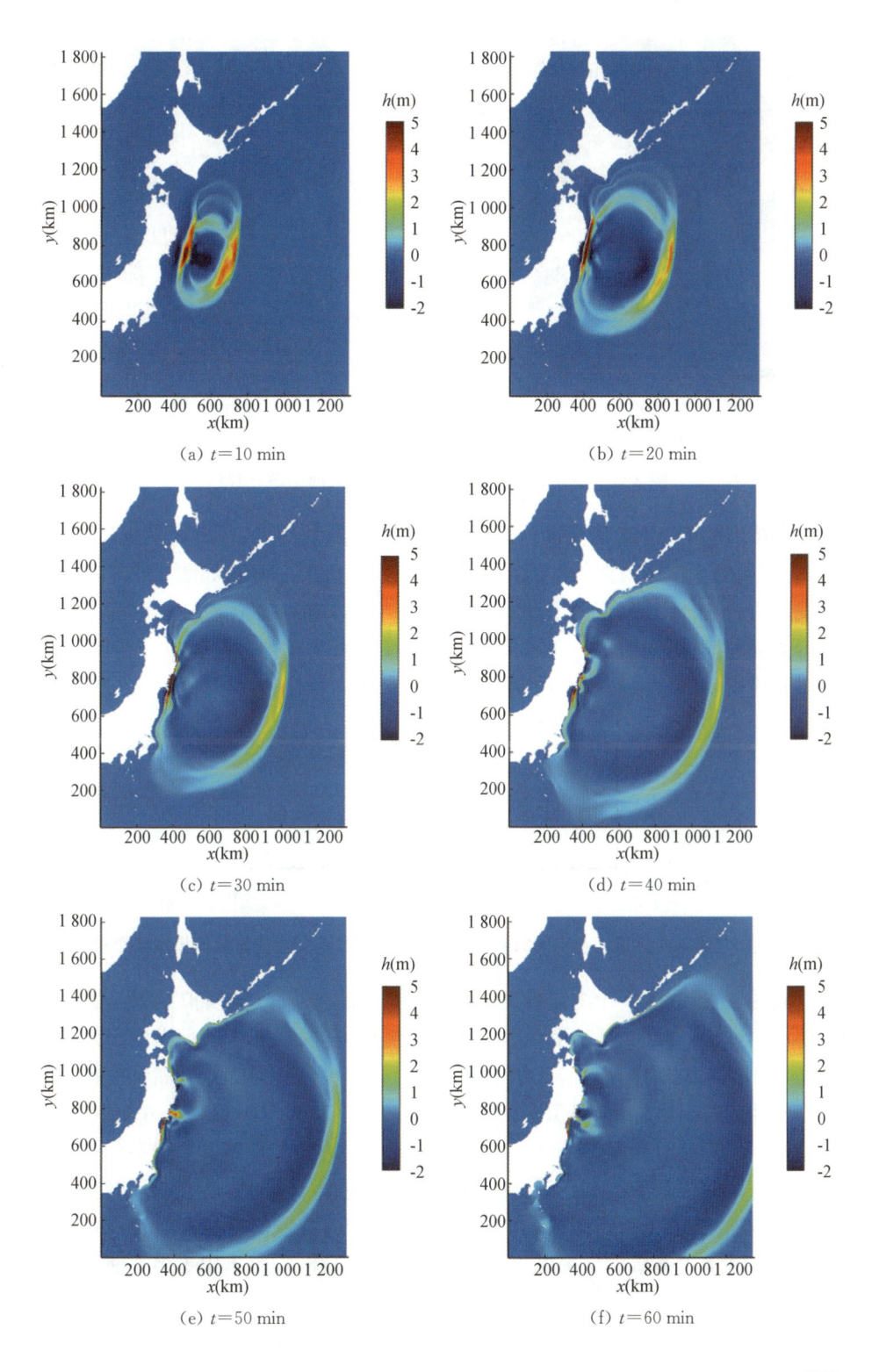

(b) $t=20$ min

(c) $t=30$ min

(d) $t=40$ min

(e) $t=50$ min

(f) $t=60$ min

(g) $t=70$ min　　　　　　　　(h) $t=80$ min

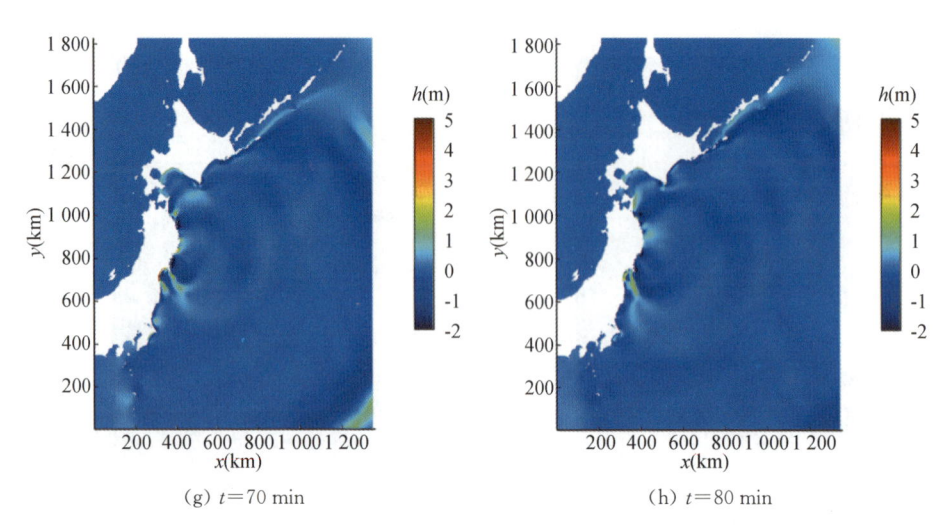

图 2-9　基于 Source 2 的海啸波在不同时刻演化过程

海域内的 D21418 测点被认为是最为接近震源的测点,在海啸发生后的 6 h 内,有该点的水位历时曲线的测量值和数值模拟的结果对比,如图 2-10 所示,可以发现两者吻合良好,证明了利用模型可以结合 Source 水位对地震海啸的发生进行捕捉和模拟,同时也证明了模型可以在模拟海啸波推进过程中,依旧可以持续对海啸发生区域保持关注,并准确地模拟水面的变化。

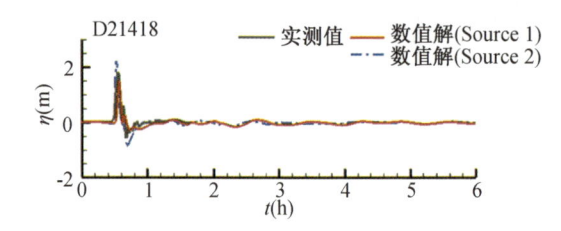

图 2-10　海域内近震源测点 D21418 测点自由水面过程实测值与数值模拟结果对比

同时,还选取了 6 个海岸处的 GPS 浮标测点,比较数值模拟结果与实测的自由水面过程,如图 2-11 所示。在各个测点上,模拟结果均显示模型很好地重现了 2011 年日本海啸事件,证明了该水动力数值模型针对大范围高精度模拟时的卓越性能,并且,使用 NVIDIA GeForce GTX 950 显卡模拟整个 6 h 事件时,数值模型计算耗时约为 27 min,由此可见,该水动力数值模型具备极高的计算效率。而当运用更新型的 GPU 或多 GPU 服务器进行计算时,模型所耗时长还可以进一步缩减,甚至只需 1 min 左右[136]。该水动力数值模型的高效性能可以对重现或预测水灾害事件带来极大的便捷,给科学研究、实际运用等多方面搭建一个良好的基础。

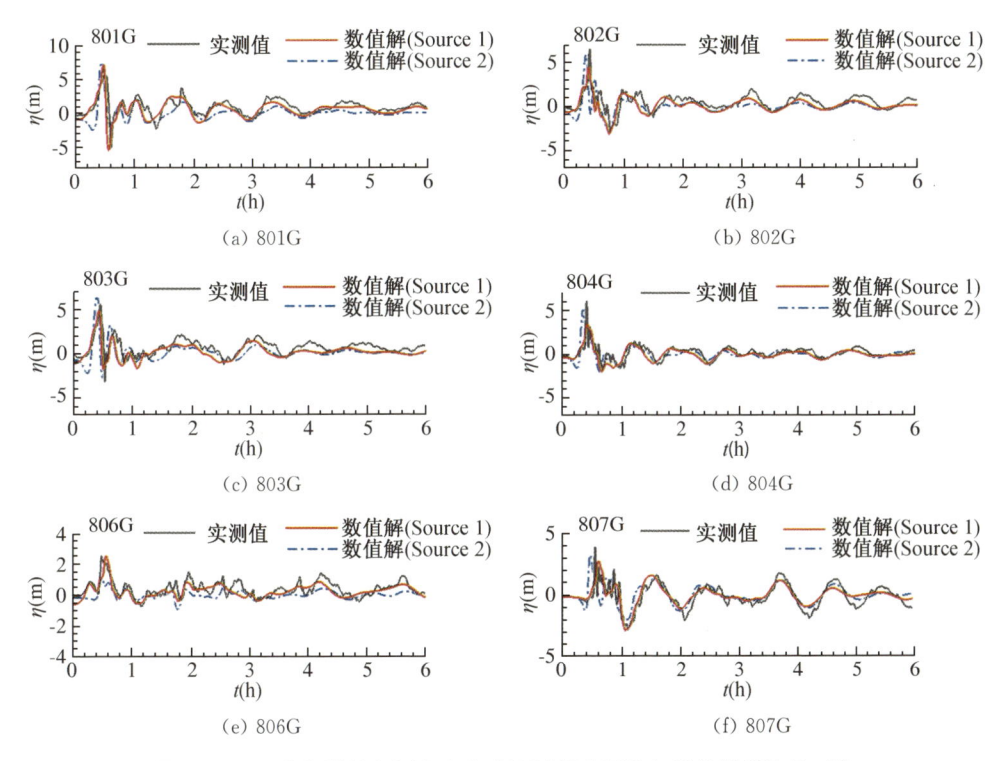

图 2-11　日本海岸处各测点自由水面过程实测值与数值模拟结果对比

2.2　流体对结构物作用力计算模块

2.2.1　计算公式

为了模拟流体对结构物、障碍物的作用力,在上述水动力数值模型的基础上,利用得到的流体力学相关特征值,新增求解流体对结构物作用力的模块。由于求解的二维浅水方程基于垂向平均的假定和静水假定,因此,综合动量定理,结构物上计算点处的总压强可以写为:

$$p = p_s + p_d = \rho g z + \rho U^2 \tag{2.22}$$

其中,p_s 和 p_d 分别代表点压的静态和动态部分,z 是水表面到计算点的深度,U 是垂直于交界面的垂向平均流速。由于二维浅水方程的静水假定,考虑到在非稳定水流情况下,流速在断面上的变化可能极为剧烈,因此,引入动量系数 β,则式(2.22)可以写作:

$$p = \rho g z + \rho(\beta U)^2 \tag{2.23}$$

根据 Chow[140]学者研究理论,利用弗劳德数 $Fr(Fr=U/\sqrt{gh})$ 对 β 进行赋值:

$$\beta = \begin{cases} 1 & Fr \leqslant 1 \\ 1.25 & Fr > 1 \end{cases} \quad (2.24)$$

可以发现,式(2.23)可以更好地结合结构物所在位置的水流特征,对水流施加的作用力进行计算模拟。

因此,采用积分的方式进行计算,则在结构物迎水面前水深为 H 的情况下,迎水面上单位宽度上受到的水流力 f_F 为:

$$f_F = \int_H \rho g z \, dz + \int_H \rho (\beta U)^2 dz = \rho g H^2 + \rho (\beta U)^2 H \quad (2.25)$$

对于假设宽度 B(垂直于水流方向且具有长方形截面)的结构物,总水流力 F_F 等于:

$$F_F = \int_B \frac{1}{2} \rho g H^2 \, dB + \int_B \rho (\beta U)^2 H \, dB \quad (2.26)$$

在计算过程中,结构物前的水流深度 H 与垂向平均流速 U 的数值来源于水动力数值模型中相应位置的水深 h 与流速 u[式(2.2)]。同时,利用结构物高程和原始地形数据叠加,构建水动力数值模型中新的底床环境,从而体现结构物对流场的影响。

2.2.2 物理试验验证——奥克兰大学水槽试验

Shafiei 等[141]在奥克兰大学的实验室水槽中,研究了海啸波与沿海岸结构物之间的相互作用过程。试验水槽由混凝土搭建,长度为 14 m,宽度 1.2 m,高度 0.8 m。试验中,水槽上游设有一个完全直立的闸门,可以在较短的瞬间向上打开,并释放其上游蓄水池内的水体,从而在水槽内形成溃坝波。闸门通过电脑控制,可以按照人为设置全自动化运转。试验中水槽布置如图 2-12 所示,沿水槽中心轴线设有 5 个电容式浪高仪,用于记录水面变化情况,其标号从左到右设置为 WG1—WG5。在距离水槽中闸门 10 m 处设有一个长方体结构物模型,其尺寸为 300 mm×300 mm×600 mm。在结构物朝向上游的一面,共设立了 5 个压强传感器(测量频率:1 000 Hz),从下向上分别标号为 PS1—PS5。Shafiei 等[141]依据不同的上游蓄水深度(WL)和闸门开度(GO)进行了一系列试验,所有试验下游均为干床,即下游水深均为 0 m。其中,GO=300 mm,WL=600 mm 时,对 WG1—WG4 的测量水位取平均值,水槽中产生波高为 210 mm 的波浪条件,并显示结构物受到最大水流作用力,因此,本研究以该组次为例进行模拟,并将模拟结果与试验进行比较。

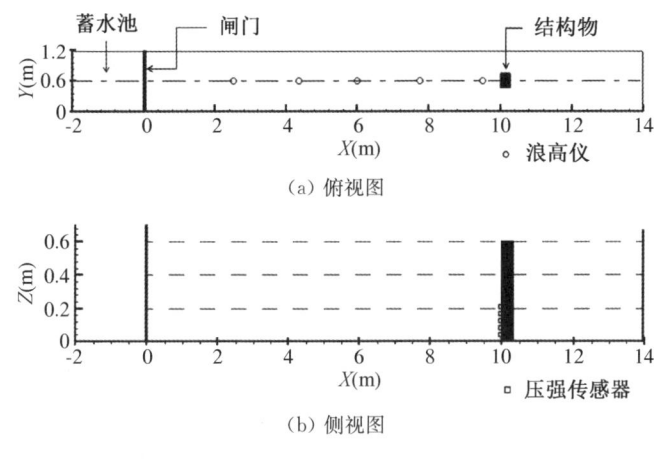

图 2-12 水槽布置图
(a) 俯视图
(b) 侧视图

在数值模拟过程中,计算域覆盖了全部 14 m×1.2 m 的水槽,整个计算域均按 0.01 m×0.01 m 的正方形网格进行划分。曼宁系数选取适用于粗糙混凝土底床的 0.021[142]。由于 Shafiei 等[141]介绍闸门自动开启上升,并且在达到设置高度 4 s 后下降闭合,上升与闭合的时间均为 0.46 s,且在闸门运行过程中,上游蓄水水位保持不变。考虑到闸门处的下游水深 e 比上游水位 H 小,因此模型中引入闸孔淹没出流公式[143],设单宽流量为 q,则:

$$q = \mu e \sqrt{2g(H-\mu e)} \tag{2.27}$$

其中,μ 为淹没出流流量系数,$\mu=\varepsilon' H$,ε' 与 e/H 相关(取值参考《水力学》[143])。故 μ 设置为在闸门上升期间依据不同时刻值发生变化的函数,μ 最终达到 0.59,从而得到时间与 q 的具体数值。闸门所在的计算域左侧边界在其从启动到闭合的 4.92 s 内作为开放入流边界,在彻底闭合之后,运算中将其视作固壁边界。

图 2-13 与图 2-14 中分别展现了相关数据的数值模拟结果和试验的对比情况。图 2-13 中为五个浪高仪所在位置的水深历时曲线对比结果。可以发现,利用数值模型可以很好地预测沿水槽轴线各个测点处(WG1—WG4)的水位变化过程,证明了所建立的数值模型可以很好地模拟极端水流的水力特征。而在 WG5 测点处,数值模拟的结果在 4.95 s 后较试验值有突变发生,水位由 200 mm 激增到 400 mm。这可能是由于在物理模型中该测点仅位于结构物上游 50 cm 处,试验中模拟海啸波的溃坝波在结构物前破碎,对 WG5 处水流水位产生的影响较大,但目前的水动力数值模型还未特别考虑到波浪破碎引起的能量耗散,因此高估了 WG5 处的自由水面波动。

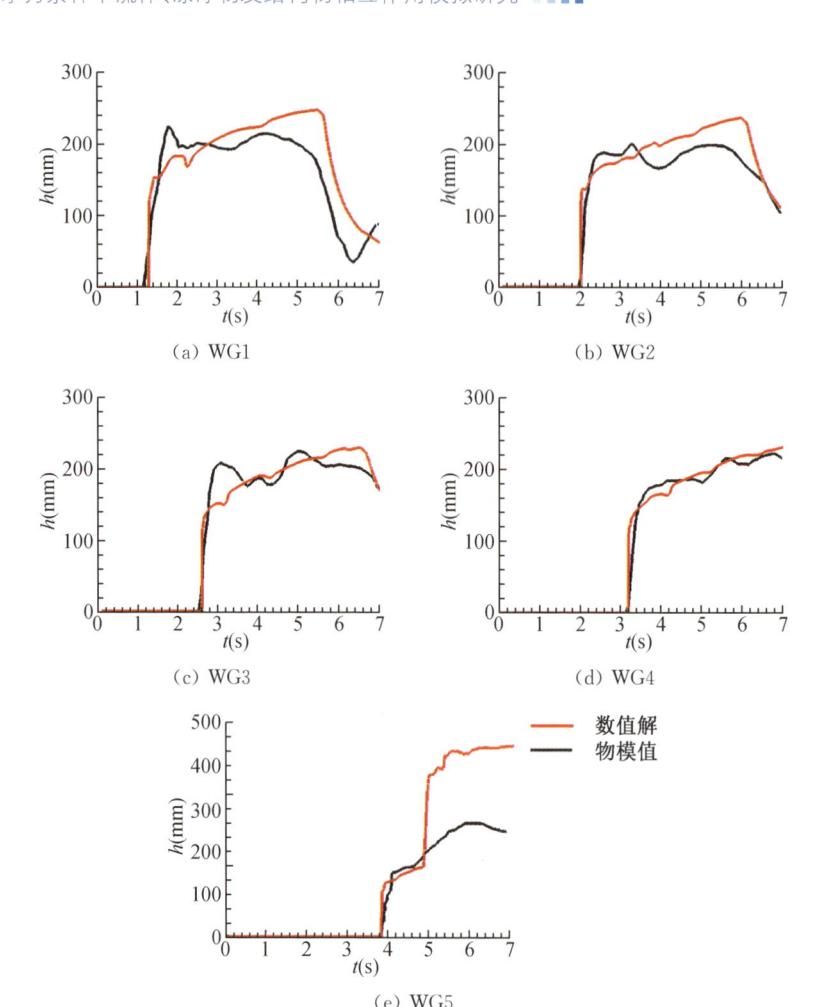

图 2-13　测点处水深历时曲线数值模拟结果与试验对比

图 2-14 展示了数值模拟的流体对结构物迎水面各测点施加压强的历时过程,并将其与试验进行了对比。数值模型模拟计算了全部 5 个测点的压强数据。在 PS1—PS4 测点处,可以发现数值模型很好地捕捉到了压强激增过程与该时刻的压强峰值,PS5 测点处的数模值在水流作用的初始 0.1 s 内要比试验偏高,且激增过程更加明显。这可能与其所在空间位置相关,在试验布置中,PS5 位于结构物迎水面的所设全部压强传感器的最高处,波浪破碎后对该处作用产生一定的波动,与对自由水面变化过程进行模拟时产生的误差情况相符。但是,在全部的 PS1—PS5 测点处,压强峰值之后的相对稳定阶段内,数模值都很好地对试验进行了重现,验证了模型中建立的流体对结构物作用力计算模块。

(a) PS1

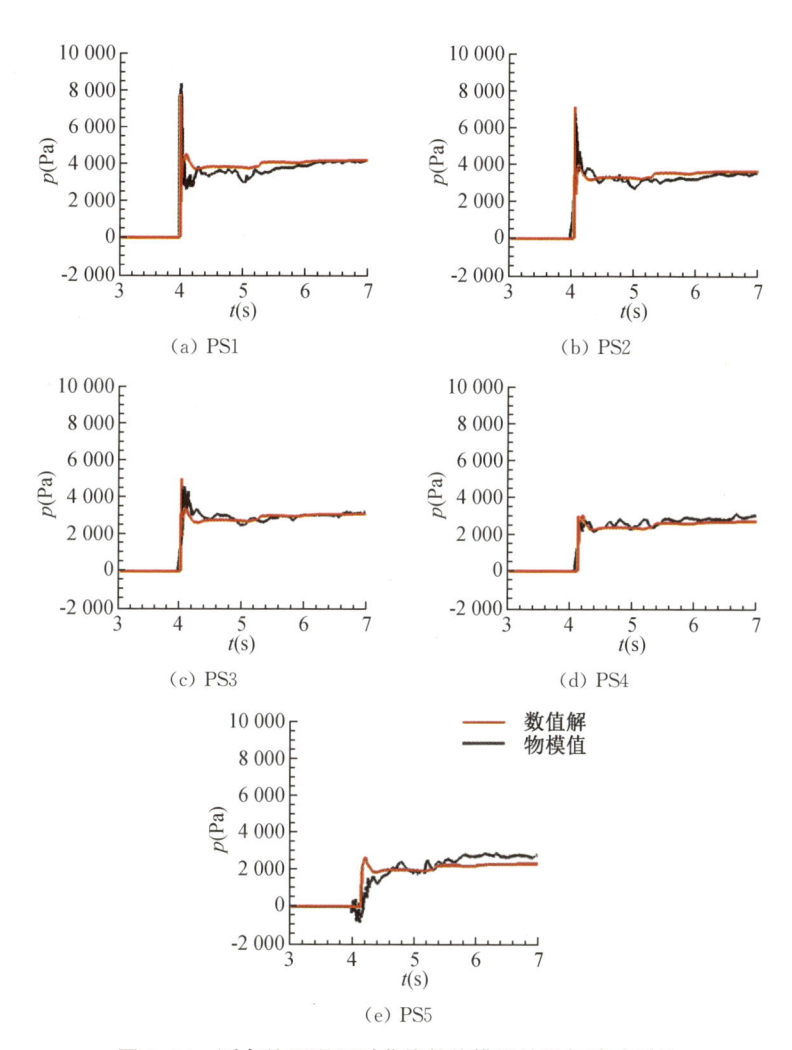

(b) PS2

(c) PS3

(d) PS4

(e) PS5

图 2-14　测点处压强历时曲线数值模拟结果与试验对比

2.3　离散元(DEM)数值模型

在 20 世纪 70 年代，离散元法（Discrete Element Method，DEM）最初由 Cundall 和 Strack[144]首先提出，模型中把固体研究对象看作非连续元素的集合，元素与元素之间可以在小范围内相互挤压重叠从而产生相互作用力，再通过使每个元素满足牛顿第二定律，结合力与位移的物理关系，求解各元素的运动方程，经反复叠代计算，即可得到研究对象的整体运动形态[145-146]。离散元技术在岩土、矿冶、农业、食品、化工、制药、环境、岩土工程、地质工程和能源开采等领域均有广泛的应用价值。DEM 模型适用于模拟离散颗粒组合体在准静态或动态条件下的变形及破坏过程，非常适合对极端水力条件下，水流挟带的漂浮物进行模拟。

2.3.1 控制方程

离散元数值模型控制方程如下：

$$m_i \frac{\mathrm{d}\boldsymbol{w}_i}{\mathrm{d}t} = \boldsymbol{F}_i^p + \boldsymbol{F}_i^f + \boldsymbol{F}_i^g + \boldsymbol{F}_i^s;$$

$$I_i \frac{\mathrm{d}\boldsymbol{\omega}_i}{\mathrm{d}t} = \boldsymbol{T}_i^p + \boldsymbol{T}_i^f + \boldsymbol{T}_i^s \tag{2.28}$$

其中，i 代表颗粒（元素）序号，m_i 和 I_i 为颗粒 i 的质量和转动惯量，$\boldsymbol{w}_i$ 和 $\boldsymbol{\omega}_i$ 为颗粒 i 的速度和角速度，$\boldsymbol{F}_i^p$ 和 $\boldsymbol{T}_i^p$ 为其他颗粒或元素作用在颗粒 i 上的总力和总转矩，$\boldsymbol{F}_i^f$ 和 $\boldsymbol{T}_i^f$ 为流体作用在颗粒 i 上的总力和总转矩，$\boldsymbol{F}_i^s$ 和 $\boldsymbol{T}_i^s$ 为结构物（或固壁边界）作用在颗粒 i 上的总力和总转矩，$\boldsymbol{F}_i^g$ 为重力。

当 DEM 模型中时间步长为 Δt_{DEM} 时，根据中心差分法，先预测颗粒 i 在 $\left(t + \frac{\Delta t_{\mathrm{DEM}}}{2}\right)$ 时刻的速度与角速度的计算公式为：

$$\boldsymbol{w}_i\left(t + \frac{\Delta t_{\mathrm{DEM}}}{2}\right) = \boldsymbol{w}_i\left(t - \frac{\Delta t_{\mathrm{DEM}}}{2}\right) + \boldsymbol{w}_i'(t)\Delta t_{\mathrm{DEM}};$$

$$\boldsymbol{\omega}_i\left(t + \frac{\Delta t_{\mathrm{DEM}}}{2}\right) = \boldsymbol{\omega}_i\left(t - \frac{\Delta t_{\mathrm{DEM}}}{2}\right) + \boldsymbol{\omega}_i'(t)\Delta t_{\mathrm{DEM}} \tag{2.29}$$

颗粒 i 在 $(t + \Delta t_{\mathrm{DEM}})$ 时的速度与角速度的计算公式为：

$$\boldsymbol{w}_i(t + \Delta t_{\mathrm{DEM}}) = \boldsymbol{w}_i(t) + \boldsymbol{w}_i'\left(t + \frac{\Delta t_{\mathrm{DEM}}}{2}\right)\Delta t_{\mathrm{DEM}};$$

$$\boldsymbol{\omega}_i(t + \Delta t_{\mathrm{DEM}}) = \boldsymbol{\omega}_i(t) + \boldsymbol{\omega}_i'\left(t + \frac{\Delta t_{\mathrm{DEM}}}{2}\right)\Delta t_{\mathrm{DEM}} \tag{2.30}$$

在计算过程中，对每一个颗粒而言，总力和总转矩都被循环交错用作计算颗粒的加速度与速度，在颗粒速度与角速度按式（2.30）进行校正，在完成每个时间步长内的所有计算后，程序会自动更新计算颗粒位置与角度的信息。本模型涉及的 DEM 研究颗粒以理想化的圆形（一维/二维）和球型（三维）为基础，后结合多颗粒法对实际中不同形状的漂浮物再进行拟合，故 2.3.2 与 2.3.3 小节内分析暂以理想球型（圆形）颗粒为例，最终耦合模型中使用的多颗粒法数值模型的相关内容在 2.4 节进行详细介绍。

2.3.2 接触力模型

DEM 模型中，两接触颗粒间的接触作用及接触力（$\boldsymbol{F}_i^p$）和位移的关系分解为法向与切向两个方向来讨论，且两者之间互不影响，分别用下标 n 和 t 表示，则可以写作：

$$\boldsymbol{F}_i^p = \boldsymbol{F}_{in}^p + \boldsymbol{F}_{it}^p \tag{2.31}$$

接触力模型如图 2-15 所示。

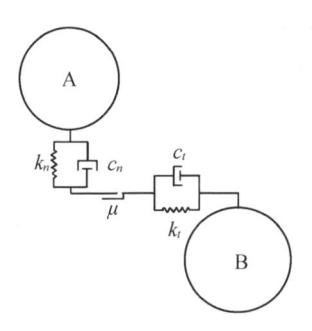

图 2-15　DEM 模型颗粒间接触力模型示意图

其中，k_n 为法向刚度系数（Normal Stiffness），c_n 为法向黏性阻尼系数（Normal Damping），k_t 为切向刚度系数（Tangential Stiffness），c_t 为切向黏性阻尼系数（Tangential Damping），μ 为颗粒间摩擦系数。

法向接触力通常采用线性黏弹性接触模型进行预测，假设法向接触力是由单元的弹性而产生的弹性作用力与黏性产生的黏性阻尼力两部分组成，球型（圆形）颗粒（单元）i、j 的接触示意图如图 2-16 所示。

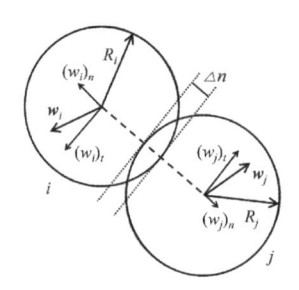

图 2-16　球型颗粒（单元）i、j 的接触示意图

图中，R 为颗粒半径，Δn 为法向叠合量，当两颗粒质心直线距离为 D 时，$\Delta n = D - (R_i + R_j)$。当 $\Delta n < 0$ 即意味着两颗粒发生接触，产生接触力。i、j 质心连接直线即为接触法方向，颗粒 i 的法向接触力为：

$$|\boldsymbol{F}_{in}^p| = F_{in}^p = k_n \Delta n + c_n (\Delta w_{ij})_n \tag{2.32}$$

其中，设 Δw_{ij} 为 i 与 j 的速度差，$(\Delta w_{ij})_n = (w_i)_n - (w_j)_n$。且式（2.32）中，弹性作用力沿法方向指向背离颗粒 j 所在位置；黏性阻尼力同样沿法方向指向两者相对速度矢量法向分量的反方向。F_n^p 的最终方向由这两部分矢量叠加获得。

在切方向上,接触力大小通常与加载历时有关[147],因此,颗粒 i 的切向接触力为:

$$F_{it}^p = k_t (\Delta w_{ij})_t \Delta t_{\text{DEN}} + c_t (\Delta w_{ij})_t \tag{2.33}$$

其中,两者相对速度矢量切向分量 $(\Delta w_{ij})_t = (w_i)_t - (w_j)_t$。

值得注意的是,摩擦阻尼的存在限制了总切向力的大小,因此,取滑动摩擦力和式(2.33)中的较小值作为最终的切向接触力,即:

$$|F_{it}^p| = \min(F_{it}^p, \mu F_{in}^p) \tag{2.34}$$

最终得到的切向接触力方向垂直于沿 i、j 质心所在直线(法方向),指向 $(\Delta w_{ij})_t$ 的反方向。

假设 d_{in}^p 为接触点到单元质心的距离在接触法方向上的投影,d_{it}^p 为接触点到单元质心的距离在切方向上的投影,则接触力带来的弯矩为:

$$T_i^p = \sum (F_{in}^p d_{in}^p + F_{it}^p d_{it}^p) \tag{2.35}$$

其中,对于理想化球型(圆形)颗粒而言,$d_{in}^p \equiv 0$。

2.3.3 计算稳定性

在利用中心差分法对时间进行积分计算平移和旋转位置信息时,只有在一定条件下是稳定的,计算结果是可靠的。因此,DEM 模型中需要选择合适的时间步长 Δt_{DEN}。Δt_{DEN} 应该小于一个依据研究对象本身性质计算得出的固有(临界)时间步长 Δt_c。对于单自由度线性弹性接触系,Cundall 和 Strack[144] 首次提出的临界时间步长为:

$$\Delta t_c = 2\sqrt{\frac{m}{k}} \tag{2.36}$$

而对于可以沿 x, y 方向进行平移并做绕 z 转动的多自由度的球型颗粒而言,O'Sullivan 和 Bray[148] 提出的临界时间步长为:

$$\Delta t_c = \sqrt{\frac{1}{2} \cdot \frac{m}{k}} \tag{2.37}$$

结合漂浮物运动特性,本研究中选取式(2.37)作为 DEM 模型临界时间步长的计算公式。

2.3.4 模型验证——解析解算例

为了初步验证本小节建立的 DEM 模型,对数值结果与解析解进行了比较验证。Chen[149]分析了单个理想球型颗粒在下落过程中的自由坠落、接触地面（压缩与扩张）、颗粒回弹全过程的受力情况，提供了颗粒纵向位置与时间的解析关系，并包含考虑了颗粒阻尼作为影响因素。因此，以此解析解为标准，假设有一个半径为 0.01 m，密度为 500 kg/m³ 的球体在刚性水平边界上 0.5 m 处以初始速度为 0 m/s 的情况自由坠落。球体刚度系数为 $k=10^5$ N/m，分别考虑球体黏性阻尼系数为 $c=0$ N·s/m，以及 $c=348$ N·s/m 的情况。数值模型中，取时间间隔为 10^{-4} s，得到颗粒纵向位移关于时间的解析解与数值模拟的结果对比，如图 2-17 所示。两者结果相互吻合，基本没有误差，验证了本小节所建立的 DEM 模型代码是可行并且准确的。

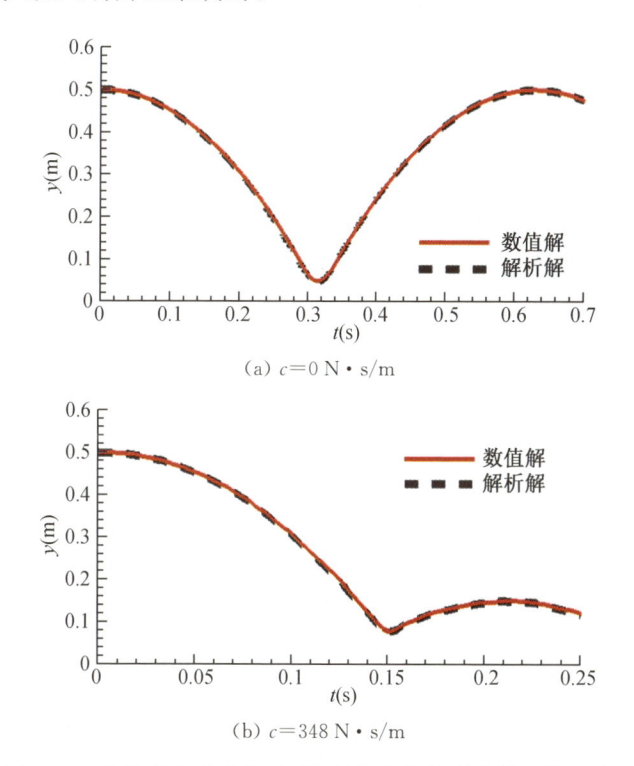

(a) $c=0$ N·s/m

(b) $c=348$ N·s/m

图 2-17　颗粒纵向位移关于时间的解析解与数值模拟结果对比

2.4　多颗粒法数值模型

显然，理想化的球型（圆形）颗粒对于实际生活中普遍存在的非球体、非对称、不规则块体具有极大的差别，众多学者尝试了不同形状、不同尺寸的颗粒单元，如椭球体、轴对称块体或多面体[150-154]，用于模拟其对应研究对象的形状。但是，所开发的 DEM 模型的复杂程度通常与块体单元形状有关，具有较强的空间性,且对于不同形状的单元开发的模型并不具有普适性[46],因此,占主流的还是球型(圆形)颗粒[155]。在 1999 年,Favier[156]首先提出了一种利用多个独立单元组成复合单元的方法,来解决复杂几何形状块体的拟合问题,称之为多颗粒模型(Multi-Sphere Model,MSM)。

2.4.1 多颗粒法基本思想

MSM 以球型单元颗粒为基础,用多个小球组合的形式重现复杂块体,如图 2-18 所示,图 2-18(a)为利用 9 个球型颗粒模拟基础长方体的示意图,图 2-18(b)为利用多个不同半径的小球拟合出复杂块体轮廓线的示意图[157]。由于其可控的重叠尺度、排列方式、颗粒半径,MSM 适用于模拟不同形状与尺寸的研究对象,并且,MSM 还在空间计算中保持了理想化球型颗粒的简洁性,是目前针对实际复杂块体最为有效的研究手段之一[158]。

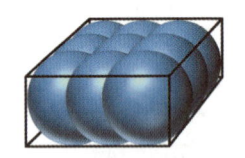

(a) 9 个球型颗粒模拟基础长方体　　(b) 多个不同半径的小球拟合出复杂块体轮廓线

图 2-18　MSM 示意图

2.4.2 多颗粒法计算方法

为了达到建立流体中漂浮物模拟的耦合模型这一目标,在构建所使用的多颗粒法 DEM 模型对非球面物体进行了空间模拟时,研究对象在 $O(xy)$ 平面中运动,具有 x 轴方向和 y 轴方向两个平移自由度和一个绕 z 轴旋转的自由度。在计算过程中,定义穿过物体质心的垂向轴线为旋转轴,并在此基础上计算不同物体的转动惯量。同时,还考虑了沿 z 轴方向的位移值,利用颗粒固有几何参数与所在位置水深进行预判断,以期提供 z 轴方向上的参考值,相关的内容于 2.5 节进行了详细介绍。

模型中的研究对象通过沿中心轴固定的球体来表示,球体的数量、几何大小、重叠程度等相关数值与模拟精度相关。如图 2-19(a)所示,图中的 5 个半径为 R 的球体单元颗粒通过刚性结合,对称分布在红色的球体单元两侧。在计算过程中,单元颗粒之间无相互作用力,不产生相对位移[159]。重叠程度通过 Δs 表示,Δs 取值范围为 $(0, 2R)$。对于一个固定形状的研究块体来说,Δs 的值越趋于 0,则数值模型重现的块体更加精确,但是块体中包含的球型单元颗粒数量就会较多;而 Δs 的值越大,包含的单元颗粒数量会较少,实现更高的计算效率,但是拟合的块体几何形状就可能有相应的误差。本模型中使用了其取值范围的中间值,即取 $\Delta s = R$ 作为基准进行模拟。

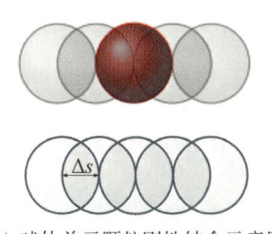

(a) 球体单元颗粒刚性结合示意图　　(b) 全局坐标系和颗粒局部坐标系示意图

图 2-19　MSM 计算方法示意图

为了更好地用数值方式表示模型中的研究对象,采用了全局坐标系和局部坐标系。研究对象在全局坐标系中被定义,并具有位置向量 X_{obj},由全局坐标系原点(O)指向研究对象质心。组成研究对象的球体单元则分别在全局和局部坐标中被定义,其局部位置向量 X'_{par} 从研究对象质心指向球体单元质心,全局位置向量 X_{par} 从(O)指向球体单元质心,如图 2-19(b)所示。$|X'_{par}|$ 的值在计算过程中是固定的,即为单元颗粒刚性结合在数值模型中的体现。当研究对象发生平移和旋转时,X_{obj} 首先被计算更新,研究对象的旋转角度也同时获得,也就是说,可以得到 X'_{par} 的值,此时单元颗粒的位置信息则通过 $X_{par} = X_{obj} + X'_{par}$ 计算更新得出。

研究对象之间的接触问题采用 2.3.2 节介绍的具有切向摩擦滑块的线性黏弹性接触模型来模拟。对于有 n 个研究对象的 DEM 模型,其计算稳定性在公式(2.37)的基础上,通过下式进行保证:

$$\Delta t_{\text{DEM}} < \Delta t_c = \min_{1 \leq i \leq n} \left(\sqrt{\frac{1}{2} \cdot \frac{m_i}{k_i}} \right) \qquad (2.38)$$

多颗粒法 DEM 模型与水动力数值模型一样,基于 Microsoft Visual Studio 2013(VS 2013)环境下的 CUDA 8.0 运算平台,使用 C++语言进行程序编写。

2.5　水动力-DEM(MSM)模型双向动态耦合方法

模型中,在考虑流体对漂浮物作用力时,不同于传统以拖曳力作为代表力的计算方式,采取了仿照流体对结构物的作用力的计算形式,采用漂浮物周围水流的水力特征值计算的力作为漂浮物的驱动力。这种方法避免了人为选定的拖曳系数造成的误差,并且利用在水动力数值模型中新增源项的方法,使得获得的水动力-DEM(MSM)双向耦合模型可以完全自动模拟整个物理过程。

2.5.1 流固相互作用

2.5.1.1 流体对固体研究对象作用力

模型中，F_i^f 由沿垂直方向（z 方向）的浮力 F_i^b 和在 $O(xy)$ 平面内的水流作用压力 F_i^h 组成，用向量形式可以写作：

$$F_i^f = F_i^b + F_i^h \tag{2.39}$$

在垂直方向上，研究对象所受浮力依据阿基米德定律进行计算，为：

$$|F_i^b| = F_i^b = \rho g V_i \tag{2.40}$$

其中，V_i 表示研究对象的淹没体积。在垂直方向上，研究对象还受到自身重力的作用。当其从下往上浮动时，流体与运动的球体之间可能会由于相对速度会产生向下的拖曳力；当完全淹没的物体穿透流体表面时，其受力状态则变得更加复杂，流体的表面张力也可能会对块体起到抑制作用。因此，研究对象受水流作用逐渐浮起的垂直运动过程在实际中是一个极为复杂的问题，需要结合块体的物理性质与流体性质等多种因素进行分析。计算所有涉及的力会带来很高的计算成本，并且在极端水力条件下，研究对象在这一过程的实际垂直位移尺度远小于该时间段内其在平移运动中产生的尺度[160]。

因此，本模型中提出了一种简化方式对研究对象在垂直方向上的位移进行估算。对于球型研究对象，当其处于相对稳定漂浮状态下，即 $F_i^b = m_i g$ 时，淹没（吃水）水深 Z_{rela} 与淹没体积 V_{rela} 的关系为：

$$V_{rela} = \pi \int_{-R}^{Z_{rela}} (R^2 - Z_{rela}^2) \mathrm{d}z \tag{2.41}$$

程序中采用下式对 Z_{rela} 进行显式估算：

$$Z_{rela} = \frac{m_i g}{\rho g (L_{obj})_i (B_{obj})_i} = \frac{m_i}{\rho (L_{obj})_i (B_{obj})_i} \tag{2.42}$$

其中，根据实际拟合块体的几何特征，L_{obj} 和 B_{obj} 分别取块体淹没部分的（近似）长度与（近似）宽度进行计算，并以此预判断研究对象与水面的相对位置。

在 $O(xy)$ 平面内，参考式（2.23），流体对漂浮物上作用点的压强可以写为：

$$p_i^h = p_i^s + p_i^d = \rho g z + \rho (\beta u - w_i)^2 \tag{2.43}$$

其中，p_i^s 和 p_i^d 分别代表漂浮物所在点处压强的静态和动态部分，z 为该点距离水体自由表面的距离，u 和 w_i 分别为该点处水动力学模型输出的断面平均流速和 DEM 模型输出的颗粒 i 的速度，β 为表面流速校正系数，取值与式（2.24）一致。因此,以 x 轴方向为例,设水面线为 $z=\eta$,则在 $O(yz)$ 平面中投影如图 2-20 所示。图 2-20(a)和(b)分别表示颗粒单元部分淹没和完全淹没的情况,阴影部分即为淹没面积 S。

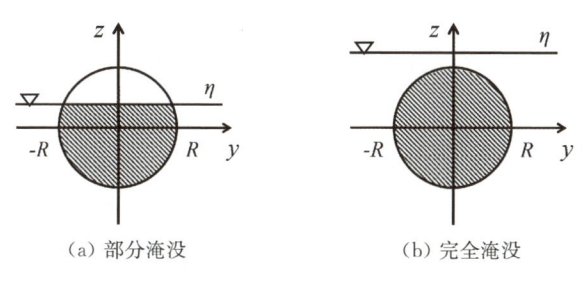

(a) 部分淹没　　　　(b) 完全淹没

图 2-20　颗粒单元淹没情况示意图

颗粒 i 水平(x 轴)方向上所受的全部水体作用力可以写为:

$$|\boldsymbol{F}_i^h| = F_i^h = p_{iB}^h A_B - p_{iF}^h A_F \tag{2.44}$$

其中,下标的 B 和 F 分别代表颗粒在 x 轴方向上的"背面"(Back)和"前面"(Front), A_B 和 A_F 分别表示颗粒 i 背面和前面的淹没面积。该步骤在预判研究对象与水面的相对位置后进行。p_i^h 始终垂直于颗粒单元表面,沿法线方向指向颗粒单元内部,式(2.44)默认 $F_i^h > 0$ 时,$\boldsymbol{F}_i^h$ 与 x 轴正方向一致。

2.5.1.2　固体研究对象对流体作用力

如 2.1 节所述,本研究通过在水动力数值模型控制方程中增加额外的源项,以实现固体研究对象对流体的反馈作用。根据牛顿第三定律,固体漂浮物对流体施加的力与流体给予其的水流作用力合力大小相同,方向相反。为了更好地考虑到漂浮物周围的淹没状况,故以固体漂浮物质心作为该反馈作用力的作用点,并认为反馈作用以剪切力的形式作用于流体。综合考虑流体对固体对象施加的动态压力与静态压力部分,依据量纲分析,式(2.2)中代表漂浮物对于流体的作用力源项为:

$$S_{px} = \frac{F_i^h/A}{\rho} \tag{2.45}$$

其中,A 代表研究对象 i 质心处的淹没面积的投影面积,水动力数值模型中,计算得出的 S_{px} 施加的网格亦是由研究对象 i 质心所在位置决定。耦合模型中 y 方向上该部分源项的计算与之一致。

2.5.1.3　固体对固体研究对象作用力

在模型中,考虑到由于结构物、计算域中底床升高或固壁边界的存在都有可能发生漂浮物撞击的情况，因此，借助研究对象在 z 方向上的位置信息来作为撞击的发生条件。首先判断研究对象周围是否有底高程 z_b 高于其 z 坐标的网格，若存在，则设研究对象物理边界所在位置与结构物边界或固壁边界之间的距离为 d，有 $\Delta n_i = d - R_i$，当 $\Delta n_i < 0$ 即认为发生碰撞。

当检测到碰撞时，依据线性黏弹性接触模型，依据式（2.31）可以得到，研究对象 i 所受的撞击力为：

$$\boldsymbol{F}_i^s = -(k_n)_i \Delta n_i + (c_n)_i \boldsymbol{w}_i \tag{2.46}$$

2.5.2 漂浮物启动流速

由于在模型中采用了简化研究对象垂直方向运动过程的方法，研究对象在由完全静止状态转变为预判的相对稳定漂浮状态时，可能会导致数值模型预测数据发生"突变"的情况，这与实际中块体遇到水流时的情况误差较大，因此，本模型中引入了对漂浮物的启动流速判断模块，为分析漂浮物受力情况与模拟其运动状态提供更加准确的参考条件。本模型中漂浮物启动流速来源于 Xia 等[16]提出的部分淹没车辆的初始速度公式。他们依据不同情况下部分淹没车辆稳定性，列出了洪水中固定车辆所受的各种力，如图 2-21 所示。

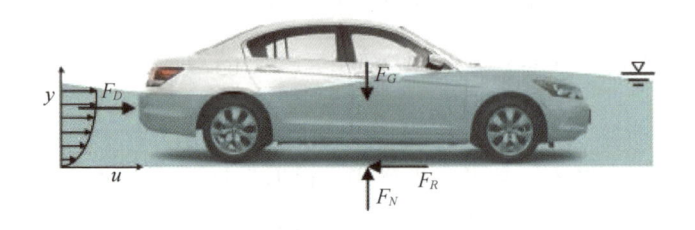

图 2-21 部分淹没车辆受力分析示意图[16]

受力分析中，考虑了拖曳力作为水流对汽车的水平方向的作用力、垂直方向按照重力与浮力的差值得到的有效重力、受到的支撑力和地面给予的摩擦力。利用这些力的相应表达式，提出了初始速度的计算式。随后，Shu 等[161]在此基础上，提出在以拖曳力和摩擦力平衡的时刻作为启动时刻的情况下，拖曳力只和底床附近的水流流速有关。假设流速垂向符合指数分布形式，利用平均流速可得到底床附近流速的表达形式，即可得出临界水流的计算公式。Shu 等[161]推导出了车辆失稳的临界流速为：

$$U_c = \alpha \left(\frac{h_f}{h_c}\right)^\beta \sqrt{2gl_c \left(\frac{\rho_c}{\rho_f}\frac{h_c}{h_f} - R_f\right)} \tag{2.47}$$

其中，h_f 为浸水水深，h_c 和 l_c 分别为将车辆看作长方体后得到的（近似）高度与

(近似)长度,g 为重力加速度,ρ_c 为车辆密度,ρ_f 为流体密度,R_f 为:

$$R_f = \frac{h_c \gamma_c}{h_k \gamma_f} \tag{2.48}$$

其中,h_k 为车辆处于相对稳定状态下的淹没(吃水)高度,γ_c 和 γ_f 的定义为车辆和水流单位体积内所含物质的重量。式(2.47)中 α 为与车辆(漂浮物)性质有关的参数,β 为与流体底床糙率相关的参数,Shu 等[161]结合不同研究对象几何特征,利用物理模型试验,确定了它们的取值区间。将以上结果运用于前文构建的耦合模型中,可得到漂浮物位于水深小于 Z_{rela} 的流体环境下,其启动流速的临界值为:

$$U_c = \frac{1}{2}\left(\frac{h_{loc}}{H_{obj}}\right)^{-0.1} \sqrt{2gL_{obj}\left(\frac{\rho_{obj}}{\rho}\frac{H_{obj}}{h_{loc}} - \frac{\rho_{obj}}{\rho}\frac{H_{obj}}{Z_{rela}}\right)} \tag{2.49}$$

其中,H_{obj} 取研究对象的(近似)高度,ρ_{obj} 为研究对象密度,h_{loc} 取研究对象质心所在位置处的当地水深值进行计算。

由于在推导该式过程中,受力分析所涵盖的拖曳力、重力、摩擦力、支撑力与浮力实际上对所有的部分淹没漂浮物均适用,且相关参数的选取均是将车辆近似看作长方体后近似获得的。故在本研究中,尽管不同的漂浮物在形状上略有偏差,但是仍然认为式(2.49)可以适用于全部漂浮物启动流速的判断。

2.5.3 漂浮物间的接触检查

在使用离散元模型模拟分析漂浮物块体时,模型同时对这些构成不同漂浮物的颗粒进行模拟与计算,单元颗粒只与其接触的其他漂浮物的颗粒发生相互作用。由于不同颗粒是离散且相对独立的,在模拟的运动过程中,与各个颗粒相近的其他块体及颗粒也在不断地变化。颗粒间同时存在接触并发生相互作用,或分离且互不产生影响的情况。因此,离散元模型在计算某个漂浮物与其他漂浮物的接触作用力前,首先应确定与该漂浮物接触的漂浮物,即其"邻居(漂浮物)",这一过程称为接触检查或邻居搜索(Neighbor Searching),进而再判断各个颗粒与其他颗粒的接触情况。若不采用邻居搜索,而采用逐个检索的方式,离散元模型需要进行颗粒数目的平方次计算,在模拟较多漂浮物时,计算时间将按几何级数增长,仅是判断颗粒间是否接触这一步骤将占据模型极大的计算过程,消耗计算资源。反之,如果模型首先对相邻漂浮物的范围进行有效的预估评判,将大大提高接触检查过程的效率,缩短模型计算时间。

因此,本研究所构建的模型中将接触检查分为两步:第一步利用在离散元模型中常见的网格邻居搜索方法,即通过颗粒所在网格信息确定与该颗粒较为接近(称邻居)的颗粒,筛选可能发生碰撞的不同候选颗粒;第二步为精确的位置判断,当第一步检查搜索结果为"正确(True)",即进一步利用颗粒准确坐标信息,探索并判定该颗粒与邻居颗粒是否产生接触与碰撞。若在第一步的接触检查搜索结果为"错误(False)",则无需进入第二步的判断阶段。

在网格邻居搜索过程中,由于任意漂浮物不可能与离之很远的漂浮物产生接触点,所以网格算法的原则是只寻找在该漂浮物所在网格或与其邻近的网格中的物体。模型会首先将所有颗粒放入一个等于最大搜索半径(通常是漂浮物最大长度的 2 至 3 倍)的均匀网格中。如图 2-22 所示,假设模拟由 5 个圆球刚性链接组成的多个漂浮块体,以包含红色圆形的图形代表关注的漂浮物 i,在计算域内,按照漂浮块体 3 倍长度大小划分网格。在计算过程中的任意时刻,模型将以 i 形心处,即以中心红色单元颗粒坐标为依据,自动获取对应网格坐标。然后,搜寻在该网格及其相邻网格内的漂浮块体,即图中灰色阴影标注的 9 个网格,认为图中橘色块体均为可能与 i 发生接触的候选漂浮物。由于模型采用基于球体颗粒的多颗粒法离散元模型,在第二步判断阶段只须简单计算相邻两漂浮物各个颗粒中心距与它们半径之和的差,如果中心距小于半径之和,则它们相互接触,否则未接触。如图 2-22 中所示,浅橘色块体的各个颗粒虽为候选接触颗粒,但与漂浮物 i 中各个颗粒距离大于两颗粒半径之和,均不接触;而深橘色块体存在颗粒与漂浮物 i 中颗粒距离小于两颗粒半径之和,即发生碰撞,需进一

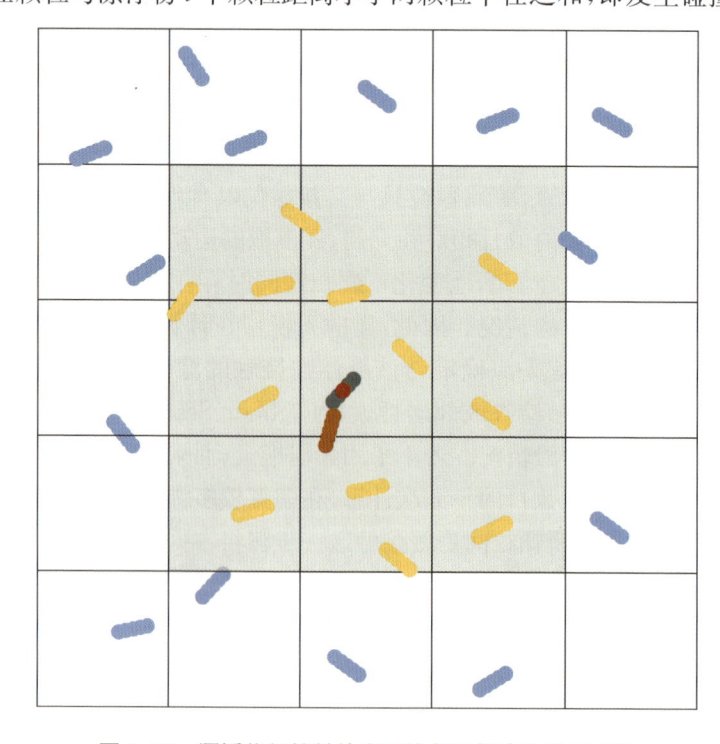

图 2-22 漂浮物间接触检查网格邻居搜索方法示意图

步计算漂浮物之间的相互作用力。

2.5.4 漂浮物撞击力

现实情况中，极端水流挟带的漂浮物往往是通过撞击对沿岸建筑物或流域内结构物造成巨大的破坏，因此，所构建的数值模型同样将漂浮物对结构物撞击力看作关键数据进行了研究。

不同于以往利用经验公式对这一作用力进行估算的方法，本模型中在 DEM 模型的基础上，利用牛顿第三定律，可以得出较为准确的结构物所受漂浮物的撞击力数值。这是一种综合考虑了结构物周围流态、漂浮物的运动状态、漂浮物与结构物之间在撞击瞬间发生的形变，基于极端条件下波浪与漂浮物和结构物之间相互撞击的物理过程的解决方案。

由于作用力与反作用力之间数值大小一样，方向相反，则在存在 n 个漂浮物的情况下，有结构物 s 所受漂浮物的撞击力可以表示为：

$$(\boldsymbol{F}_{su})_s = \sum_{1 \leqslant i \leqslant n} (-\boldsymbol{F}_i^s)_s \tag{2.50}$$

2.6 程序实现

2.6.1 显卡(GPU)并行技术

采用水动力法在高精度地形上对极端水灾害进行实际模拟时往往受到计算时间步长短和网格单元多等方面的限制。当前，在数值模拟计算愈发成熟，且以高分辨率为目标的环境下，如何高效地处理更大的计算量已成为一个重要的问题。例如，对于 1 km^2 的计算范围，采用 5 m 分辨率的二维方形网格将包含了 4×10^4 个计算单元，而采用 1 m 分辨率时，则计算过程中将包含高达 10^6 个计算单元。此外，根据 Corant 定律，单元尺寸变小会导致更短的计算步长。通常认为，二维网格加密一倍，计算量约增 9 倍。但高分辨率数据代表着更真实的地表信息，是提高模拟结果可靠度的一个重要前提。本研究所关注的极端水灾害事件中，水流往往挟带着数量众多的漂浮物体，多颗粒离散元模型中同时也包含有众多的单元颗粒同时参与计算，而精细化的模拟不同类别、不同尺寸、不同形状的漂浮物时，单元颗粒的数量也会成倍增加。

为解决耦合模型的计算效率问题，本研究引入高性能计算技术。并行计算或称平行计算(Parallel Computing)是相对于串行计算来说的。它是一种一次可执行多个指令的算法，目的是提高计算速度及通过扩大问题求解规模，解决大型而复杂的计算问题。从最简单的单核多指令并行，至多核并行、多线程并行及多处理器并行，均可认为是并行计算技术的实现。在传统上，中央处理器（Central Processing Unit，CPU）是计算机系统的运算和控制核心，负责进行信息处理、程序运行的最终执行等，而图形处理器（Graphics Processing Unit，GPU）只用于处理 3D 图像渲染等显示任务。但当将 CPU 运用于实际数值模型的计算时，人们发现作为通用的处理器的 CPU 由于需要兼顾各种需求，其中的大多数的晶体管都被用于缓存处理和复杂的逻辑控制，实际可用于运算的单元较为有限。尽管近年来 CPU 的生产厂商已经依靠增加单个核心缓存尺寸的方式来提高 CPU 性能，但其本质仅是增加了晶体管的数量，并没有提高晶体管的利用率。与之相对应的，GPU 在设计时就是一种拥有大量运算单元的并行处理器，一块高端 GPU 的单精度浮点计算性能可以达到同档次 CPU 的 10 倍，其带宽也达到 CPU 的 5 倍以上。由 GPU 提供的计算能力，所需的成本和能耗都远远小于 CPU 系统。自 2007 年 NVIDIA 公司推出了 CUDA（Compute Unified Device Architecture，计算统一设备架构）平台以来，传统 GPU 硬件的架构难以有效利用计算资源的问题已被解决。CUDA 开发环境是第一种不借助图形学应用程序编程接口就可以用类 C 语言进行通用计算的开发环境，由 CPU 负责运行计算主程序（Host Code），GPU 负责运行的设备代码（Device Code）。CUDA 代码同时包括了在 CPU 上运行的串行代码和在 GPU 上运行的并行代码，实现了 CPU 和 GPU 对数据的协作运算。整个主程序由 CPU 执行，它利用添加的 GPU 的调用语言，将需要计算的变量通过代码和 CUDA 平台分配到相应的 GPU 硬件上，从而实现对计算过程的并行加速。变量通过代码在 CPU 和 GPU 之间传递，既可以适用于主机处理器（CPU），也可以适用于设备处理器（GPU）。相比较于其他并行计算的计算平台，CUDA 具有明显的优势：从执行时间和对硬件利用效率来讲，CUDA 是基于 C 语言的计算平台，它继承了 C 语言多计算机硬件充分利用的特性；从编程思想上来讲，CUDA 提供的接口充分符合人们的思维方式，可以很简单就实现并行计算[162]。

2.6.2 耦合程序计算步骤

在耦合模型的每个时间步长 Δt 中，耦合水动力-多颗粒 DEM 模型的求解过程可以概括如下：

（1）执行水动力数值模型并更新流体的水力变量（第 2.1 节），同时使用当前时间步长上可用的 DEM 部分力学信息计算源项中的 S_{px}；

（2）根据 DEM 研究对象判断出适合的时间步长 Δt_{DEM}，当 DEM 中的时刻值 t_{DEM} 在耦合模型时刻值 t 范围内（$t_{DEM} \leqslant t$），对 DEM 中所有研究对象进行计算循环，即计算更新所有研究对象的位置信息、速度和加速度；

（3）通过所有研究对象的位置信息，计算其质心处、"背面"和"前面"所在位

置对应的流体水力变量,然后按照第 2.5 节的定义进行计算;

(4) 根据式(2.4)计算每个 DEM 研究对象的加速度,并更新其速度和位置信息;

(5) 循环步骤(2)~(4)直到 $t_{DEM}=t$,则认为完成该 Δt 计算循环,从步骤(1)开始进入下一个 Δt 开始计算,直到完成全部计算任务。

结合 2.6.1 节所述 GPU 和 CPU 构造的不同,模型给 GPU 和 CPU 分配了不同的任务,模型具体实现过程如图 2-23 所示。其中灰色虚线框代表模型输入输出部分,蓝色虚线框为水动力数值模型部分,红色虚线框为 DEM 模型部分。流程图中橘色框圈出的步骤即为在 GPU 上进行的计算任务,以计算模块为主,包含水动力数值模型中获取单个网格的边界通量的计算,DEM 模型中研究对象受力计算、位置信息更新等。流程图中其余操作步骤则是在 CPU 上进行的,如相关基础参数的输入、输出,以及对主程序(Main)的建立,比如,控制计算步骤顺序、确保循环迭代计算过程、控制判断 t_{DEM} 和 t 的相互关系等。

GPU 的并行计算能力可以同时完成多个网格的通量计算,以及同时完成多个 DEM 研究对象的数据更新。GPU 和 CPU 的协作运算,保证了模型可以高效完成整个求解过程。本研究中所使用的 CPU 为 Intel Core i5-6300,GPU 为 NVIDIA GeForce GTX 950 以及 NVIDIA Tesla K80 GPU。

2.7 耦合模型验证——河海大学水槽物理模型试验

为了更直观地了解漂浮物在极端水力条件下的运动状态,以及水流对其产生的作用,在河海大学港口航道工程与海岸海洋科学试验中心(港建楼)的水槽中进行了一系列的物理模型试验。对不同水位设置,即不同水力条件下,对不同尺寸的漂浮物轨迹、速度进行了系统的试验研究。

2.7.1 试验设置

试验中所使用的水槽宽 1 m,高 1.3 m,总长 30 m,试验中水槽的有效使用长度约为 20 m。水槽两端都设置有阀门控制出水口,水槽进水口位于闸门上游,水槽尾端设有消浪缓坡与排水口。由于溃坝波的水力特征与海啸波登陆后的涌浪十分相似[163],因此,试验中使用一个可以快速提起的闸门模拟大坝瞬间全溃的状态,制造溃坝波以模拟海啸波,产生极端水力条件。

试验中水槽布置如图 2-24 所示,闸门上游 5.5 m 处设置混凝土直立墙,用于上游蓄水的准备工作。闸门由灰板制成,闸门门框紧贴水槽边壁,连接处使用了防水材料,可保证闸门关闭时的密闭效果。如图 2-25 所示,闸门通过缆绳、滑轮与一圆柱状重物相连,重物可由安装好的卷扬机缓慢升起。当重物升起时,闸

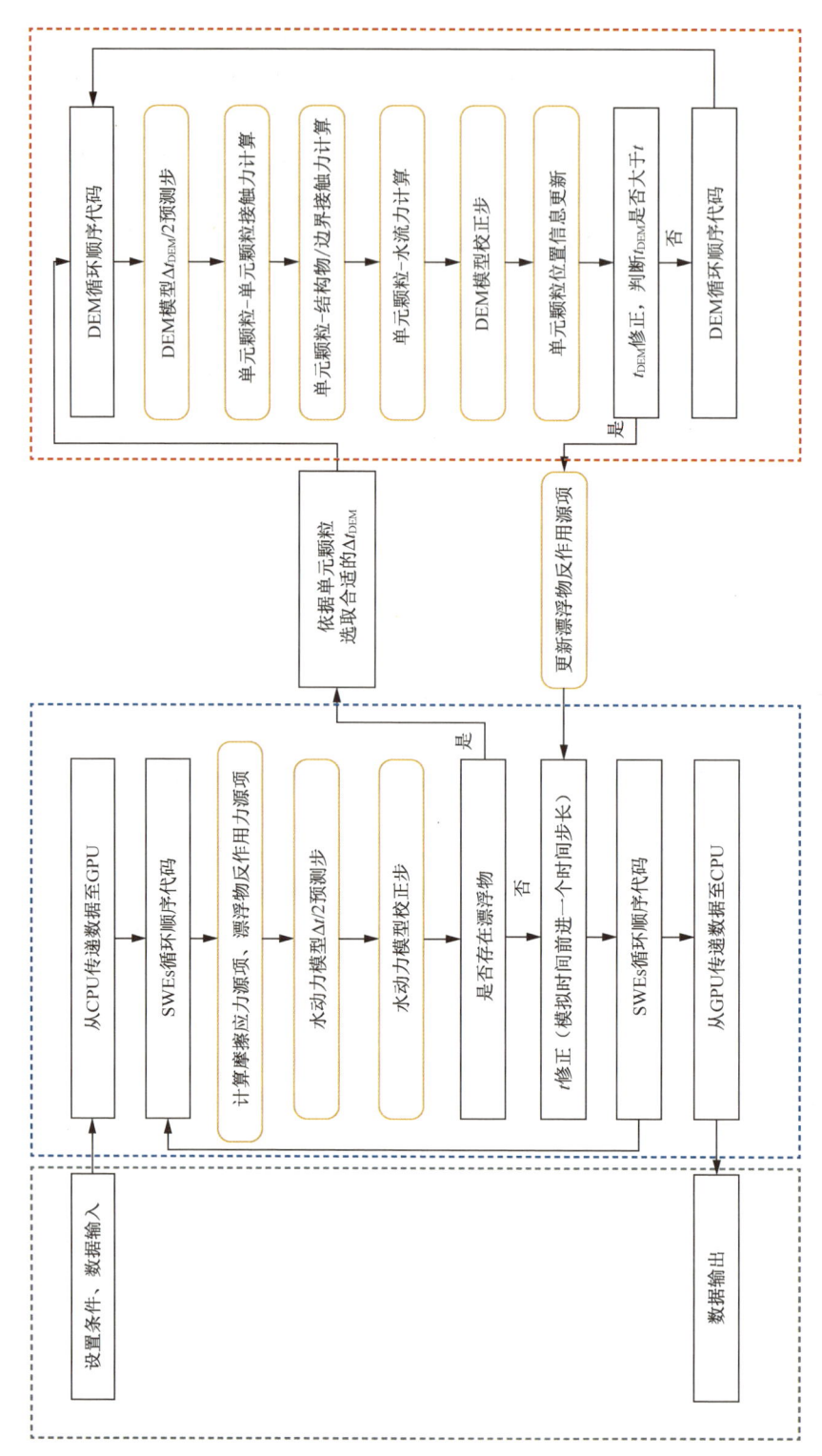

图 2-23 水动力-离散元双向耦合数值模型计算步骤流程图

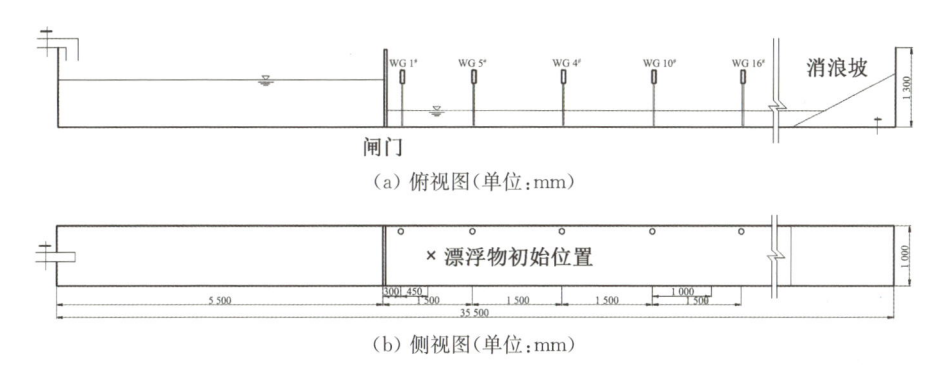

(a) 俯视图(单位:mm)

(b) 侧视图(单位:mm)

图 2-24　试验水槽布置图

图 2-25　闸门试验装置示意图[164]

门落下至门框中,与上游直立墙形成闭合的临时蓄水池。当重物落下时,闸门抬起,水槽内的水流可以自由流动。试验中,重物与卷扬机的连接可通过人为控制,并在瞬时断开,重物做自由落体运动,落入设计好的深坑中,此时与重物连接的闸门受到拖拽快速提起(0.15 s 以内),水槽中蓄水池内的水体被瞬间释放,产生溃坝波(水流)。试验时,通过设计闸门上下游水深控制水流条件。在初始状态下,会在闸门提起时向水槽中放水至设计的初始下游水位。随后,利用卷扬机控制闸门下落闭合,再单独向临时蓄水池内放水至设计的初始上游水位。待水面平静且没有波动后,进行仪器的调零等准备工作,并开始测量数据。接着,将关闭卷扬机开关,断开其与重物的连接并快速抽去重物下的支撑钢架,使闸门快速抬起。水槽的底部由水泥砌成,试验中漆成黄色,水槽的两侧为透明玻璃壁,利用绿色钢支架连接。玻璃侧壁上,每 0.5 m 都用胶带进行了标记,以更好地提取漂浮物的位置数据。Chen 等[164]人已对本书使用的物理模型试验方法设计原理进行了论证,并对实测值进行了分析,通过与水槽内各点的水位、流量和流速存在一维的解析解的比较,结合多次重复性试验结果,论证了本书所使用的物理模型能够很好地模拟海啸波登陆后的演进过程。

漂浮物模型的初始位置设置在水槽长度方向的中轴线上,位于闸门下游 0.75 m 处(距离混凝土直立墙 6.25 m)。试验中使用了 5 个 BG50 电容型浪高仪(WG)和 DJ800 型采集箱采集波高数据,所得数据精度为 0.001 cm。电容式波高仪通常由电容丝、支架及测量转换电路元件组成,通过水位变化引起电容丝电容量的变化,监测其随之引起相应的电压变化,建立水位和电压的关系。采集系统可以通过记录电压信号进而反推水位变化,最终得到波动中的水面随时间变化过程。电容型浪高仪具有结构简单、使用方便的优点,且无极化影响。为了避免浪高仪阻碍漂浮物运动,故将其沿水槽一侧的玻璃壁进行排列。

试验中闸门快速提起,完全开启时间小于 0.15 s[109]。溃坝波形成时间短暂且快速,为了便于对溃坝现象的观察与记录漂浮物位移,试验使用一台 Cannon 5D Mark Ⅲ 单反相机进行录像(位于 WG16# 下游 1.5 m 处),录像模式为帧内压缩(ALL-I)每秒 50 帧,分辨率为 1 280×720[164]。单反相机与水槽位置关系如图 2-26(a)所示,图中还展示了对于所获影像采取的分析方法,由于相机角度和远近关系带来了实际物体的形变,故而利用了单点透视原理对视频影像进行校正,以获取准确的试验数据。如图 2-26(a)所示,为更好地展现图中所示内容,对水槽以外非研究区域使用灰色进行了覆盖。图中水槽与相机拍摄角度平行的边缘线由红色实线标出,发现全部汇聚于消失点 P,即单点透视中的"单点"。

(a) 单反相机所处位置与单点透视原理分析示意图

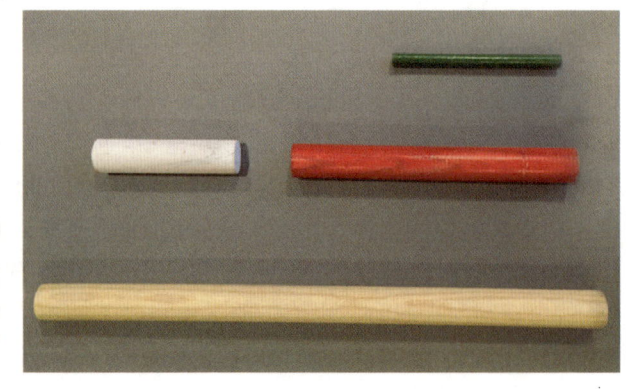

(b) 试验所用漂浮物模型

图 2-26　试验设置及漂浮物

水槽侧壁全部由半透明蓝色阴影区域表示,闸门的边线标记为黄色实线,半透明黑色阴影面代表闸门所在位置。试验中,水槽侧壁的胶带标记被作为确定尺度的标准,在影像资料中提供漂浮物位置信息,以消除形变带来的误差。以上利用单点透视原理的校正图像工作全部在专业绘图软件中进行,以确保操作过程中绘制辅助线的精确性。

图 2-26(b)中为试验中使用的四种不同尺寸的细长圆柱体木质漂浮物模型。它们的编号与对应的颜色、尺寸详见表 2.1。试验时考虑了闸门上下游不同水深与不同漂浮物的多种情况,总计进行了 15 组以上试验,包括下游水深为 0 m 的干床情况。表 2.2 选取了其中具有代表性且试验数据完备的 6 组试验,分别列出了每组对应的闸门上下游水位与使用的漂浮物模型。

表 2.1 漂浮物模型相关参数

漂浮物	颜色	长度(m)	半径(m)
D1	绿色	0.12	0.01
D2	白色	0.10	0.02
D3	红色	0.20	0.02
D4	裸色(原木色)	0.4	0.02

表 2.2 6 组试验水深及漂浮相关设置数据

试验组次	初始上游水位(m)	初始下游水位(m)	漂浮物
1	0.2	0	D2
2	0.2	0.1	D1
3	0.2	0.1	D3
4	0.3	0.1	D3
5	0.3	0.1	D4
6	0.4	0	D4

利用本研究构建的耦合水动力-多颗粒 DEM 模型,重现了表 2.2 中列出的全部 6 组试验。计算域覆盖水槽的有效长度,设左侧混凝土直立墙所在位置为 $x=0$ m,四条边界均为固壁边界,并使用由 0.02 m 尺度的正方形网格对计算域进行划分。在整个域中选取曼宁系数 0.01[165]。漂浮物模型密度取 500 kg/m³。由于水槽沿线没有影响水流的主要障碍物或结构物(安装在其中一个侧壁附近

的浪高仪影响可以忽略不计),因此水流主要沿着水槽长度方向流动,在剧烈溃坝流动的推动下,漂浮物向下游快速移动,其沿水槽宽度方向和水平面上的旋转运动对其整体轨迹影响较小且可以忽略不计。因此,模拟结果主要关注其在水槽长度方向位移值。

2.7.2 结果分析

如图 2-27 至图 2-32 所示,分别为 6 组试验过程中闸门打开后,选取合适的时刻下,漂浮物所在位置的试验视频截图,与数值模型输出的漂浮物位移数据。在处理视频文件时,首先利用图形处理软件提取视频文件的每一帧,再按单点透视原理插入辅助线。在两侧墙上依据胶带痕迹绘制竖直的黄色实线,确保每条黄色实线均与水槽边缘线垂直,作为记录该处与闸门距离的标尺。为了确定沿水槽中轴线移动的漂浮物模型的位移,还进一步绘制了水平红色实线组成的定位系。通过连接水槽两侧黄色实线与水槽底部之间的交点,即可得到相应位置的水平红色实线。两红色实线之间距离同样按照透视原理进行分析。为了获取更简洁明了的可视化示意图,尽管实际上使用的为 0.5 m 间隔的分析辅助线,图中仅展示以 1 m 为间隔的红色实线。在视频截图中,用白色圆圈标出了木制漂浮物,以突出显示其位置。蓝色虚线对应于漂浮物初始位置。

(a) 视频截图

(b) 数值预测结果

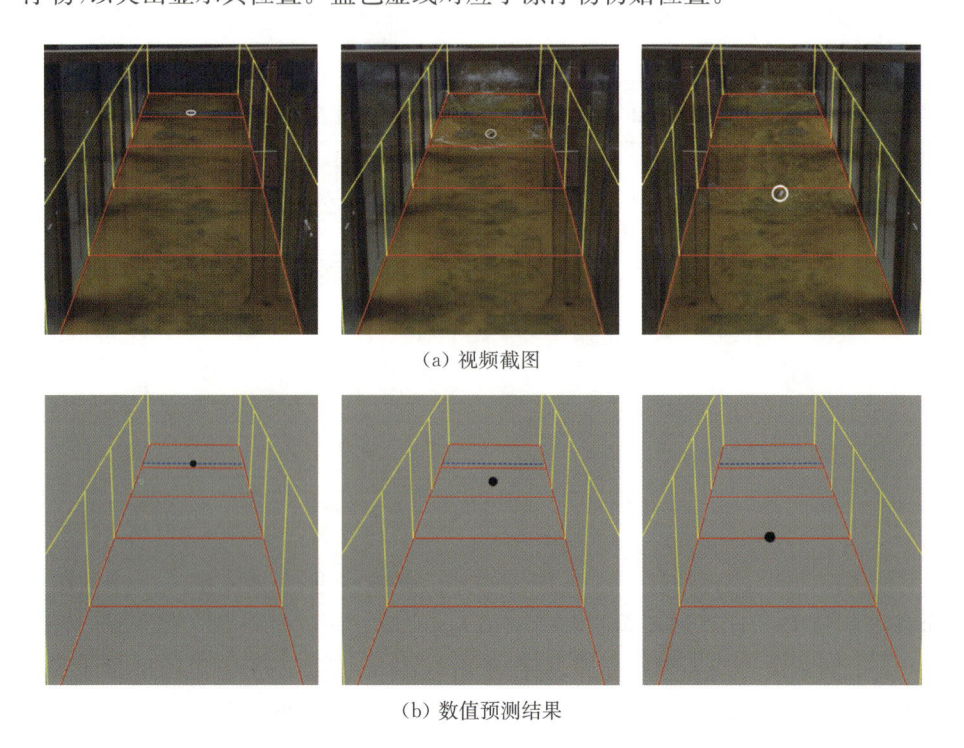

图 2-27 组次 1,$t=0$、1、2 s 漂浮运动轨迹图

(a）视频截图

(b）数值预测结果

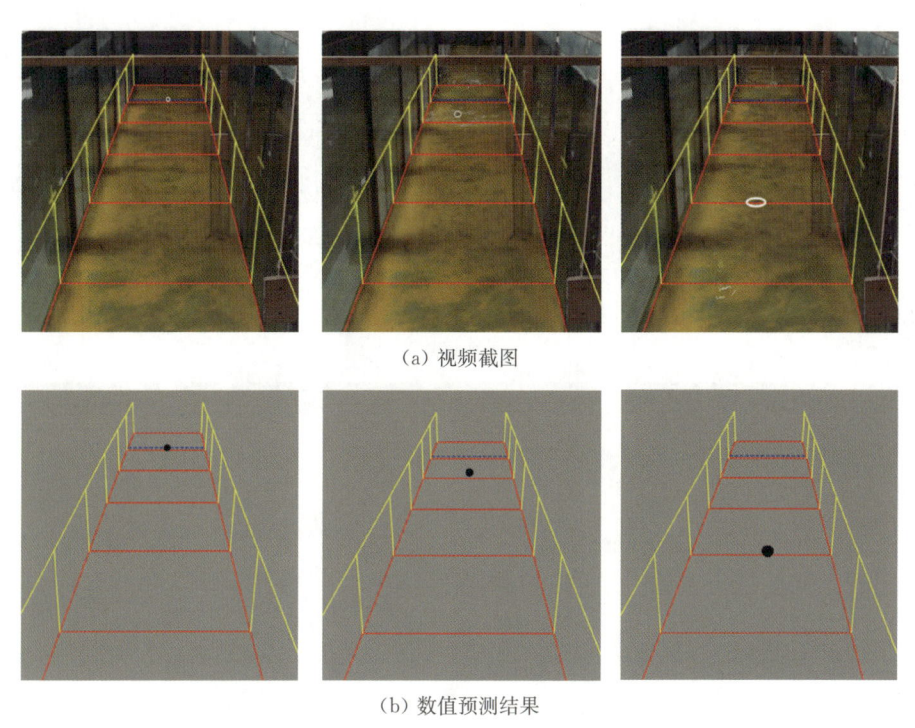

图 2-28　组次 2，$t=0$、2、6 s 漂浮运动轨迹图

(a）视频截图

(b）数值预测结果

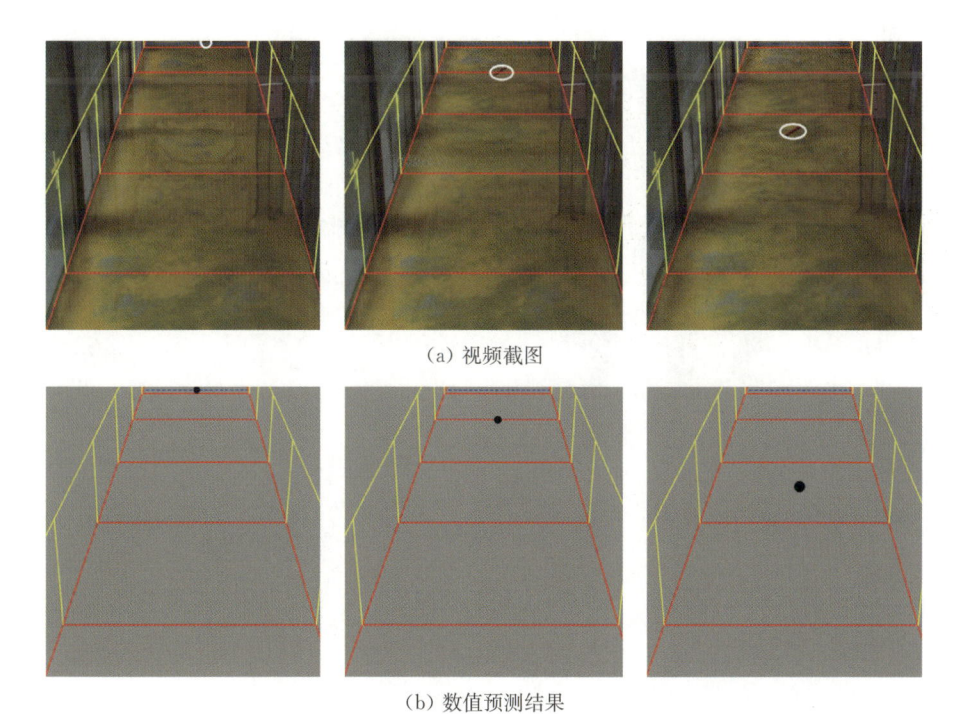

图 2-29　组次 3，$t=0$、3、6 s 漂浮运动轨迹图

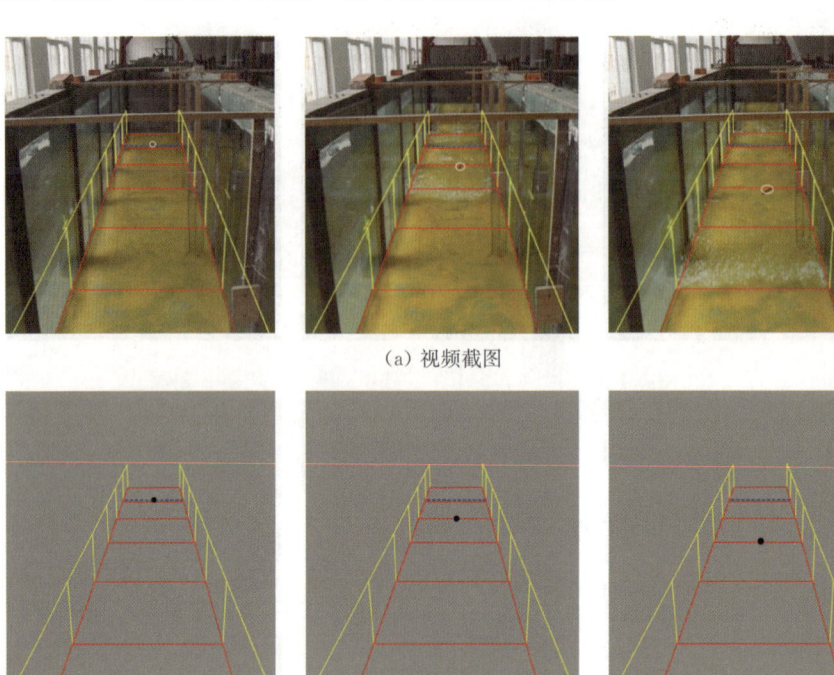

(a) 视频截图

(b) 数值预测结果

图 2-30　组次 4，$t=0$、2、3 s 漂浮运动轨迹图

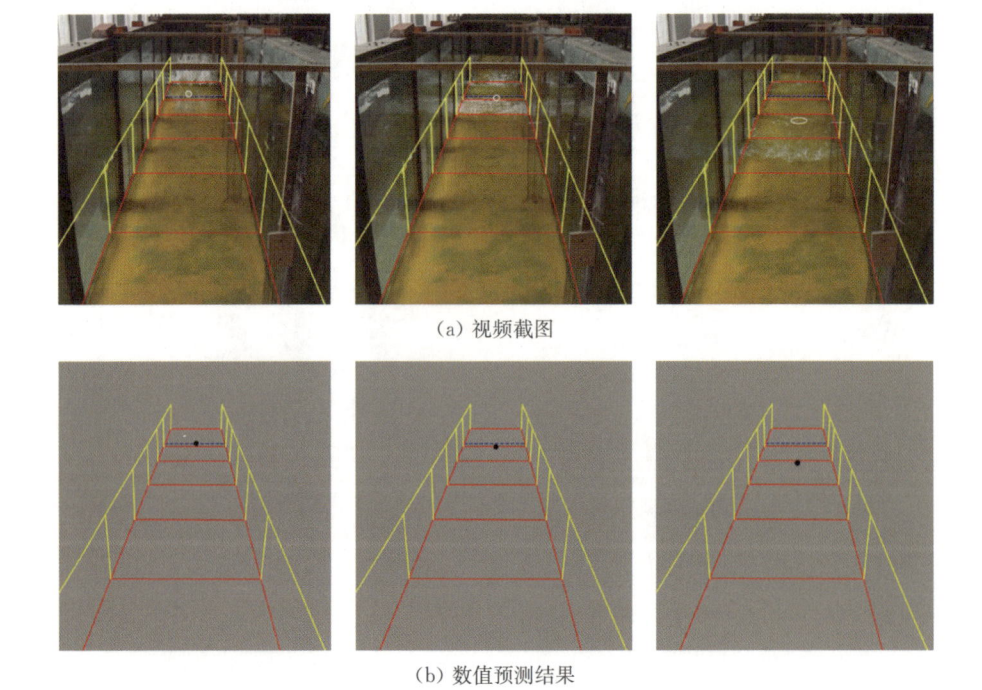

(a) 视频截图

(b) 数值预测结果

图 2-31　组次 5，$t=0$、1、2 s 漂浮运动轨迹图

(a) 视频截图

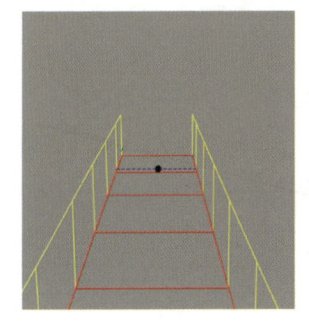

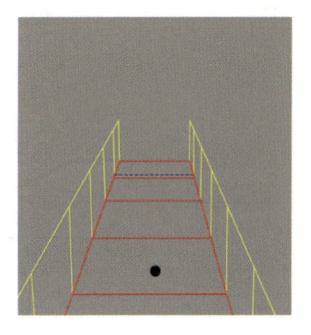

(b) 数值预测结果

图 2-32　组次 6，$t=0$、0.8、1.6 s 漂浮运动轨迹图

在将数值结果可视化过程中，完全拷贝同组试验视频分析所绘制的辅助线定位系统至全灰色图片上，漂浮物用黑色圆点表示。对比 6 组试验视频截图与数值结果发现，漂浮物在全部时刻的预测位置与观测结果均基本一致。这证明了数值模型对该试验的重现过程中，可以很好地模拟预测不同尺寸漂浮物在不同极端水力条件下的运动过程和运动轨迹。

为了进一步对比验证数值结果，图 2-33 中，对比了 6 组试验里的水位值和漂浮物位移过程。水位测点选取 WG5# 所在位置（$x=7$ m）处，可以发现数值模型模拟的水位，特别是溃坝波到达的时间和峰值水位都与试验相吻合，数值模型也很好地预测了漂浮物的运动趋势，准确地计算了漂浮物在水流中从静止到开始运动的瞬间。图 2-33(a)、(c)、(d)、(f) 中，数值模型计算的最终平衡状态的水位略高于测量值，这可能是由于二维水动力数值模型忽略了水槽中两侧玻璃壁对溃坝波这一具有高动能极端水流的限制作用。但是，考虑到推动漂浮物运动主要是溃坝波向下游推进的水波，漂浮物的运动状态与溃坝波流经后的准稳态水流关系并不密切，因此，水动力数值模型公斤模拟的流态是可以被认可的。在图 2-33(e) 中，数值模型模拟的漂浮物位移略小于试验结果，这可能是由于该算例中使用的 D4 漂浮物为所有漂浮物中尺寸最大的，其在水槽内高动能水流中所受干扰略大于其他算例。总体而言，漂浮物的总体移动趋势和轨迹被很好地捕捉到，误差在可接受范围内。也就是说，本研究构建的双向耦合数值模型成功地重现了这一系列物理模型试验，证明该数值模型完全可用于模拟极端水力条件下流体对漂浮物的作用及漂浮物的运动过程。

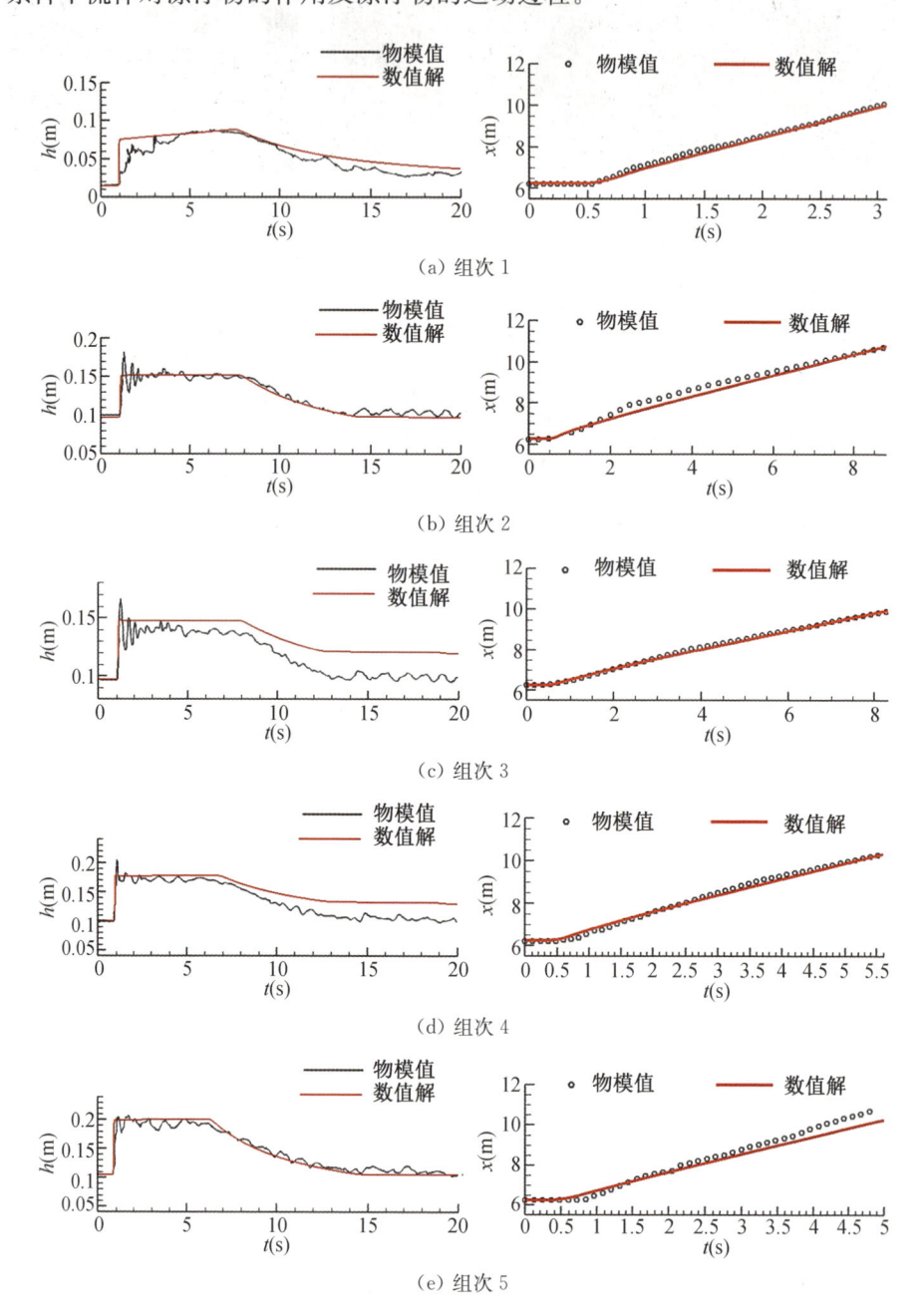

(a) 组次 1

(b) 组次 2

(c) 组次 3

(d) 组次 4

(e) 组次 5

(f) 组次 6

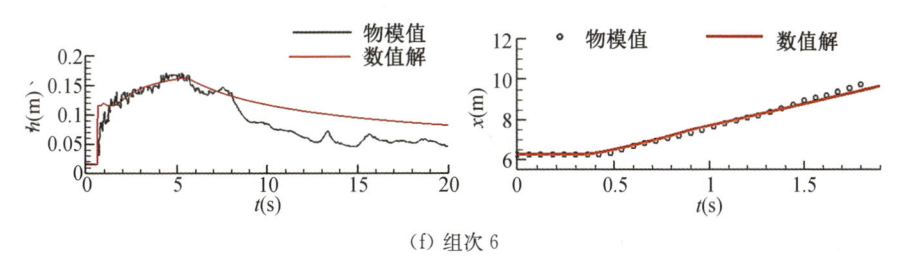

图 2-33　$x=7$ m 处水位历时曲线与漂浮物 x 方向位移数值模拟结果与物模测量值对比

2.8　本章小结

首先，本章介绍了一个基于二维浅水方程的水动力学数值模型，并重现了 2011 年日本海啸，证明了其模拟大范围极端水灾害成灾过程的能力。在此基础上，开发了水流对结构物的作用力模块，使模型系统具备了模拟流体与结构物的相互作用过程的能力，并通过相关试验进行了验证。其次，本书引入了固体动力学中的离散元（DEM）模型，并在此基础上引入了适用于复杂块体研究的多颗粒法（MSM）。完善后的 DEM 模型不仅可以模拟简单形状的刚体，还可以模拟具有不同形状、尺寸的物体的运动，并且能反映物体间的复杂相互作用过程。此外，本书从物理学角度对两者受力状态进行了分析，从本质上对水动力数值模型和 DEM 模型进行双向耦合求解，使得模型可以自动求解模拟流体与漂浮物相互作用的物理过程。

所构建的双向动态耦合模型利用显卡进行加速技术，可以针对各类极端水力事件进行数值模拟，具有精度高、计算速度快、稳定性高等特点。最后，本书利用一个在河海大学港建楼水槽内进行的简单物理试验，直观地对极端水流下漂浮物运动过程进行展现，并利用测量结果对数值模型进行了初步验证，证明了本章提出的双向动态耦合方法是可行的，且所构建的模型具有良好的研究极端水力条件下流体—漂浮物—结构物相互作用的能力。

第三章

极端水流—结构物—漂浮物相互作用过程模拟

本章中,本研究建立的水动力-多颗粒 DEM 双向耦合数值模型将分别从流体—结构物、流体—漂浮物、流体—漂浮物—结构物相互作用关系进行研究。

3.1 水流与结构物相互作用

3.1.1 OSU-TWB 水槽试验

Santo 和 Robertson[166]为了研究海啸波与结构物相互作用过程,在俄勒冈州立大学(Oregon State University,OSU)波浪研究实验室(O. H. Hinsdale Wave Research Laboratory,HWRL)的海啸波模拟港池(Tsunami Wave Basin,TWB)中进行了一系列水槽试验。试验水槽用混凝土砌块搭建在 TWB 中,长 48.8 m,宽 2.1 m,并在水槽中段设立了一个坡度为 1∶5 的斜坡以连接上下游不同高度的两个平台(见图 3-1)。在每组试验初始时,水槽内均蓄有高度为 1 m 的稳定水体。试验中利用设置在水槽左侧边界处的平推式(Piston Type)造波机制造孤立波。孤立波经上游较低的水平区域传播一段距离后,在斜坡上逐渐上涌,波陡逐渐增大,当传播到下游较高的水平平台时,其水力特征与海啸波类似,即可以用于海啸波与结构物相互作用的物理模型研究。试验中,在距离造波机 35 m 处下游较高的水平平台上设有一结构物模型,其水平截面为 0.3 m× 0.05 m。结构物下部平台内嵌有两个荷载传感器(Load Cell),结构物与传感器紧密连接。传感器可以测得结构物所受总力,测量频率为 1 000 Hz。

试验中,将传递到结构物前波的水力特征值作为分析依据,分别进行了波高为 20 cm、40 cm 和 60 cm 的三组试验。每组试验中荷载传感器会记录下结构物受到的水流力,其中将沿水流方向的力看作研究海啸波与结构物相互作用最主要的物理表现。本研究利用建立的数值模型对该试验进行了重现,并对结构物的受力值进行了计算和分析。模拟过程中,将全部水槽作为计算域,使用大小为 0.05 m 的均匀正方形网格进行划分。考虑到试验中底床有混凝土斜坡,曼宁系数设置为 0.016[142]。采用 Rueben 等[32]的相关数据作为计算域左侧边界入流条件[135]，其余均为固壁边界。

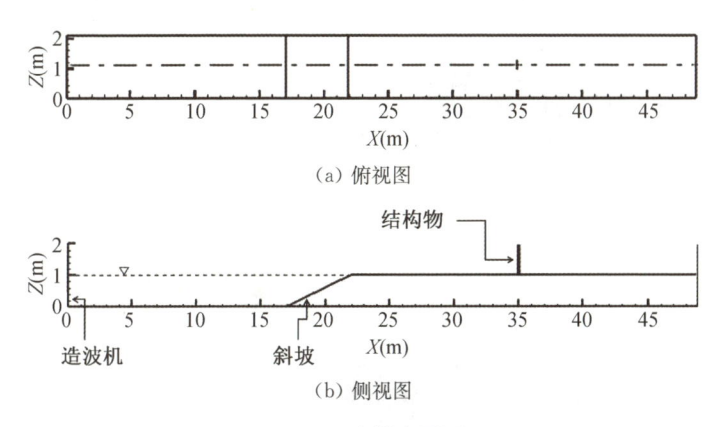

(a) 俯视图

(b) 侧视图

图 3-1　水槽布置图

图 3-2 展示了对波高为 60 cm 组次的数值模拟中，水流与结构物相互作用过程中水位的平面分布变化情况。将水流恰好"冲击"在结构物上的瞬间时刻作为 $t=0$ s，图 3-2 一共涉及撞击发生到随后 3.5 s 内的 8 个瞬间。图 3-3 按照同样的时刻记录方式，展示了模拟的三组不同波高情况下，结构物受到水流作用力的历时曲线，以及与相应试验测量值的对比结果。由于试验中荷载传感器记录的数据为结构物上所承载的总作用力，因此，模型对结构物迎水面与背水面所受的水流力分别进行了计算，通过积分获取结构物沿水流方向的全部受力后，依据矢量叠加，可最终得到结构物所受总力值。对于波高不同的三组试验算例，数值模型均非常准确地重现出受力值变化过程中的激增过程，即模拟的海啸波冲击结构物的过程，并且数值模型计算出的最大受力数值与试验测量值均十分契合。但是，在图 3-3 结构物受力的下降过程中，数值模拟的结果略大于试验测量数据，特别是当波高为 60 cm 时，下降过程比实际情况出现了较明显的偏缓。这可能是由于目前采用的水动力数值模型中还未考虑到波浪的反射时产生的能量耗散情况，或水流冲击结构物时流体掺杂空气的情况。但是总体而言，可以认为目前的耦合模型具备重现流体与结构物相互作用的能力，特别是对于水流最大冲击力的捕捉和预测能力更是在此得到了验证。

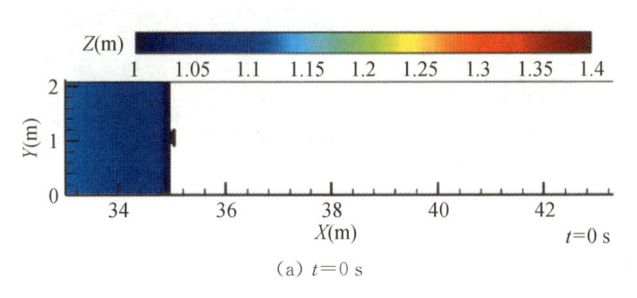

(a) $t=0$ s

(b) $t=0.5$ s

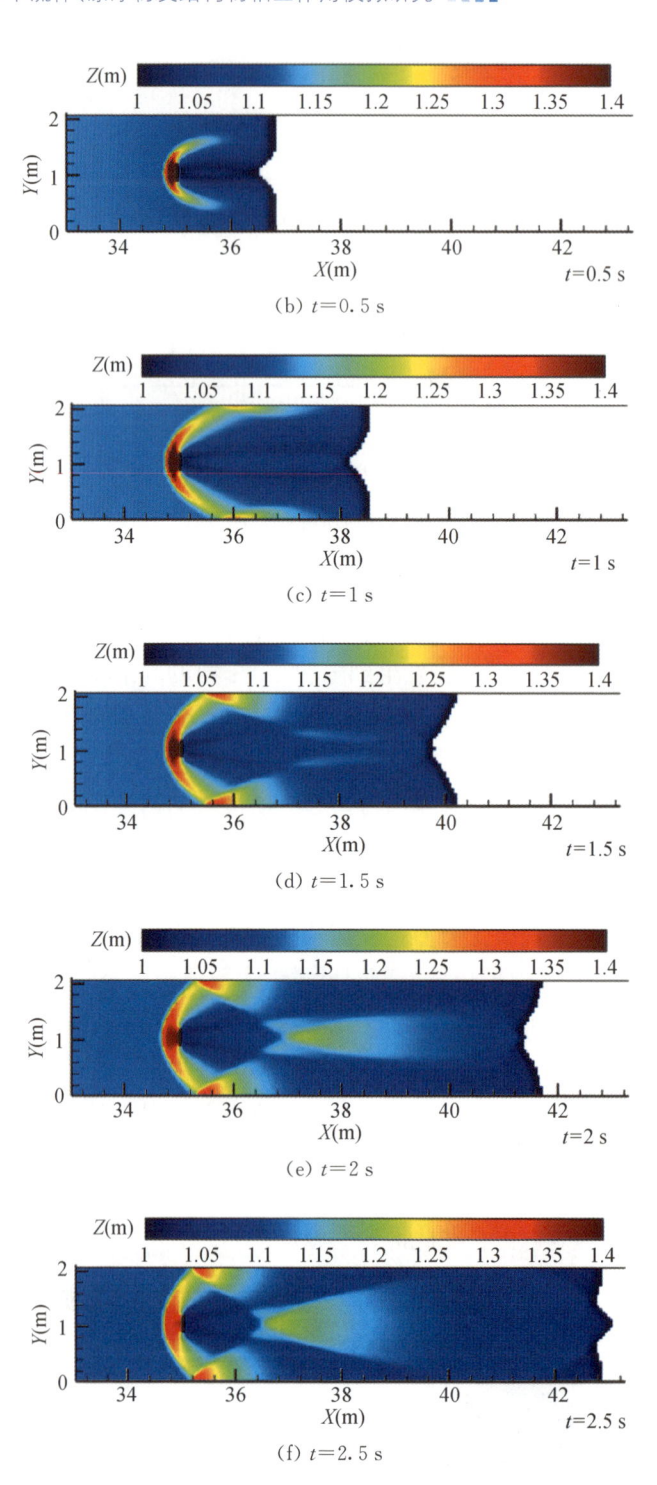

(c) $t=1$ s

(d) $t=1.5$ s

(e) $t=2$ s

(f) $t=2.5$ s

(g) $t=3$ s

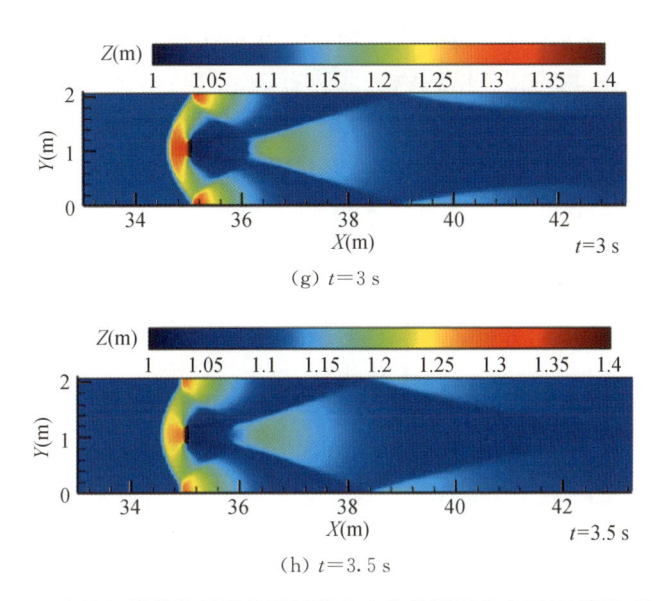

(h) $t=3.5$ s

图 3-2　水流与结构物相互作用过程中水位的平面分布图(波高为 **60 cm**)

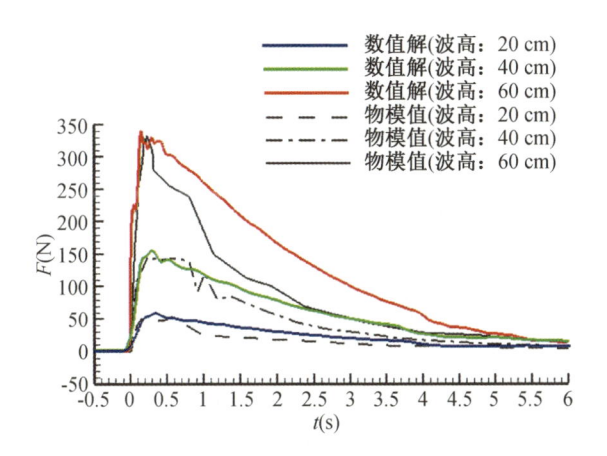

图 3-3　结构物受水流作用力的历时曲线数值模拟结果和试验测量值对比

3.1.2　NRC-CHC 水槽试验

Nistor 等[67]在加拿大国家水力学研究中心(Canadian Hydraulics Centre of the National Research Council of Canada，NRC-CHC)的水槽进行了关于海啸波对结构物作用力的相关物理模型试验。试验布置如图 3-4 所示。水槽底部为不锈钢钢板，两侧为透明玻璃墙，水槽长 10.6 m，宽 2.7 m，深 1.4 m。水槽中装有一个铰链式闸门，与水槽左侧的上游边界组成临时蓄水池，闸门距离上游边界 3.3 m。试验中，通过进水管道向蓄水池内输入一定水体，在达到设计水位时，将闸门迅速打开释放水体，从而形成溃坝波。水槽中设有一个 0.3 m×0.3 m× 0.7 m 的柱状结构物模型。结构物底部装有一个荷载传感器，当溃坝波向下游传播并撞击结构物时，可以记录结构物 6 个自由度方向上承受的全部荷载情况。试验中水槽的下游端口设有一个排水口，允许水流自由出流。

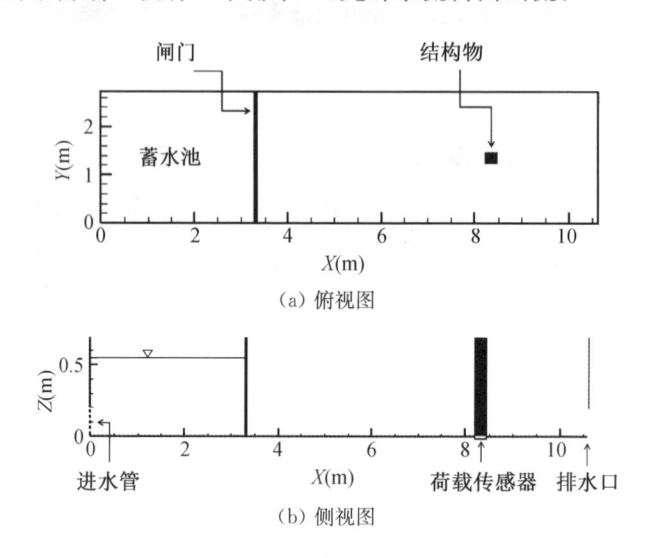

图 3-4　水槽布置图

本研究对初始蓄水深度为 0.55 m 的一组算例进行了模拟，计算域包括蓄水池在内的全部水槽区域，采用网格大小为 0.05 m 的正方形网格进行计算。考虑到试验中水槽底床为不锈钢材料，取曼宁系数为 0.01[143]。计算域的左右两侧边界均为开放边界，其余为固壁边界。其中，由于进水管的存在，在数值模拟过程中，左侧边界的入流流量设为 0.78 m³/s[167]；同时，在右侧边界处，由于排水口的存在，将其设为具有不固定水深与流量的出流边界。

图 3-5 中为数值模型模拟的结构物所受水流作用力的历时曲线，与其和试验测量值之间的对比结果。可以发现，在水流冲击结构物的瞬间，结构物受力达到峰值，随后立刻下降。由于水槽中稳定水流的存在，结构物受力状态在总体呈下降趋势后（$t \geqslant 8$ s）达到相对稳定状态。数值模拟的结果总体上和试验测量值相吻合，很好地预测了溃坝波施加的最大冲击力，对于结构物在准稳态的值也拟合较好。尽管在峰值力之后约 2 s 的时间段内，数值模拟结果略大于试验测量值，其原因可能是溃坝波由于结构物的存在产生了一定的能量耗散情况，但数值模型中暂未考虑该因素。但是，数值模拟结果还是较好地捕捉到了峰值力和整体变化趋势，对于该试验的模拟结果进一步验证了本研究建立的数值模型对水流和结构物相互作用的模拟能力。

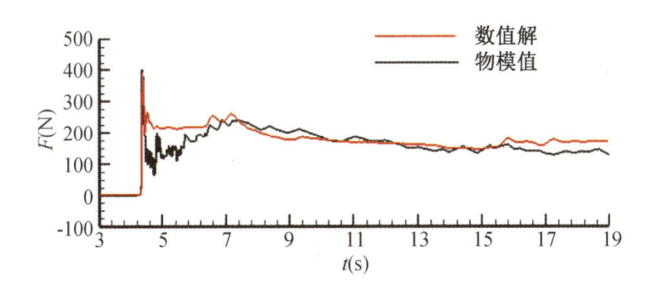

图 3-5　结构物受水流作用力的历时曲线数值模拟结果和试验测量值对比

3.2　水流与漂浮物相互作用

在本节中,主要工作为进一步验证第二章中提出的水动力模型与多颗粒DEM模型耦合方法,研究流体与漂浮物相互作用关系。首先,本节推导了在稳定水流条件下,即在流速恒定的水流中,漂浮物运动的解析解,将漂浮物加速度、速度与位移的解析解与数值模型结果进行比较分析;其次,将结合他人相关试验数据与结果对复杂流态下,即流速非恒定的水流环境中的漂浮物运动进行重现,对预测计算出的漂浮物水平位移、垂直位移进行对比,对本研究所建立的双向耦合数值模型进行了验证。

3.2.1　稳定水流条件下解析解推导与验证

考虑在稳定水流中,有一个在初始水平速度为 0 m/s 的固体球形颗粒,计算该颗粒在稳定水流中的运动情况。设在初始时刻,该颗粒垂向(z 方向)上已位于相对稳定的漂浮状态,即其浮力与重力相等,对于颗粒所在的稳定水流,颗粒"背面"和"前面"的水位可以被认为是相同的,因此 $S_B=S_F$。此时,颗粒承受的流体的静压力部分为 0,即式(2.43)中的 $p_i^s=0$。因此,对该球体颗粒而言,在 $O(xy)$ 平面内所承受的水流作用压力 $\boldsymbol{F}_i^h$ 只需考虑动态压力部分,其计算方法如下:

$$|\boldsymbol{F}_i^h| = F_i^d = \int z\rho(\beta u - w_i)^2 dB = \rho(\beta u - w_i)^2 S_F \tag{3.1}$$

依据牛顿第二定律,可以得到流体施加的力和球体颗粒运动速度之间有:

$$m_i \frac{dw_i}{dt} = \rho(\beta u - w_i)^2 S_F \tag{3.2}$$

由此,可推算出该条件下,颗粒运动速度的表达式为:

$$w_i(t) = \beta u - \frac{\beta u m_i}{\beta u S_F \rho t + m_i} \tag{3.3}$$

当设颗粒初始位置为 s_0 时，颗粒的位移值 s_i 和加速度 a_i，可以分别通过在时间 t 上对速度积分和求导获得相应的表达式：

$$s_i(t) = \beta u t - \frac{m_i}{S_F \rho} \ln\left(\frac{S_F \rho \beta u}{m_i} t + 1\right) + s_0 \qquad (3.4)$$

$$a_i(t) = \frac{\beta^2 u^2 \rho S_F m_i}{(\beta u S_F \rho t + m_i)^2} \qquad (3.5)$$

依据以上公式，假设有长为 20 m、宽为 3 m 的水槽，水平底床的高程为 0 m，有持续的稳定水流，水深为 0.4 m，流速为 0.5 m/s。在 $t=0$ s 时，一个半径为 0.02 m、密度为 500 kg/m³ 的小球在距离水槽左侧边界 0.5 m 处被释放（$s_0 = 0.5$ m），沿水槽中轴线运动，可以求得其加速度、速度与位移的解析解。

采用本研究所建立的双向耦合数值模型对该情况进行模拟，模拟区域覆盖整个水槽，用 0.02 m×0.02 m 的均匀正方形网格进行划分，左右两侧设为开放边界，允许水流自由流动，以模拟假设的稳定水流情况。曼宁系数假设为 0.01，DEM 模型计算时间步长设为 10^{-3} s。

数值模拟的颗粒加速度、速度与位移随时间变化如图 3-6 所示。可以发现，两者相互之间完全吻合，数值模型很好地模拟了稳定水流条件下，颗粒由完全静止到逐渐开始运动的过程。这一结果证明了第二章中提出的流固耦合方法是可行的，所建立的数值模型是可信的。

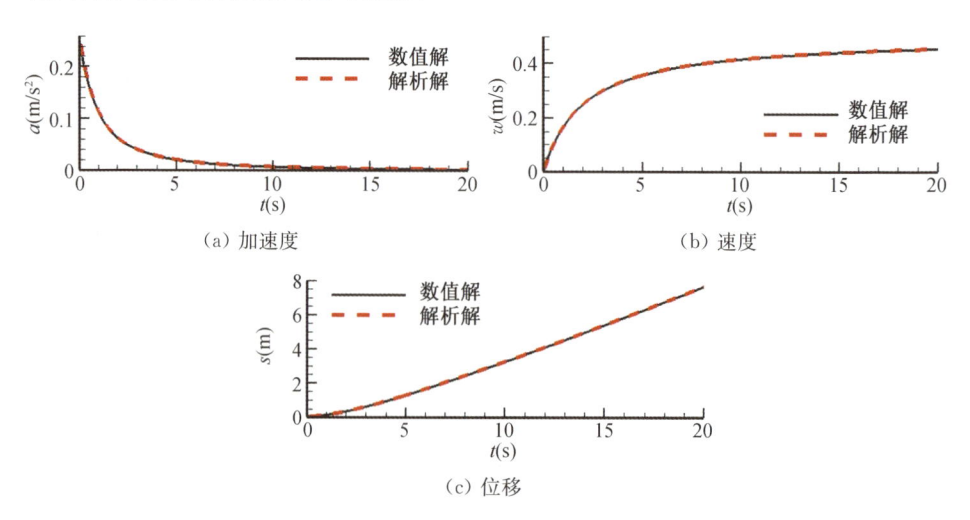

(a) 加速度

(b) 速度

(c) 位移

图 3-6　颗粒受稳定水流作用下的解析解与数值结果对比

3.2.2　复杂水流条件下漂浮物运动过程——Albano 水槽物理模型试验

Albano 等[64]为了研究漂浮物在复杂水流情况下的运动过程，在实验室中构建了一个小型的水槽,利用溃坝波模拟海啸波登陆后涌浪淹没陆地过程的水力条件,并且在水槽中设立了障碍物,以制造更加复杂多变的水流环境。试验布置如图 3-7 所示,水槽长 2.5 m,宽 0.5 m,高 0.5 m,底部为不锈钢板,4 个侧壁由玻璃组成,除顶部外,试验在一个封闭水槽中进行。距离水槽左侧边界 0.5 m 处,设有一个可以快速提起的闸门,可以在瞬时释放其左侧的水体,初始蓄水深度为 0.1 m。两个长方体障碍物固定在水槽底部,长 0.3 m,宽 0.15 m,高 0.3 m。第一个障碍物被放置在距离水槽左边界 1.4 m 处,距离上边界 0.02 m；第二个障碍物在距离左侧边界 1.95 m 处,距离下边界 0.06 m。在障碍物的左侧各设两个水位测点,利用浪高仪记录水面变化过程。为便于表述,将第一个障碍物前的测点命名为测点 1,第二个障碍物前的测点命名为测点 2。3 个漂浮物块体尺寸以轿车为原型,用 0.118 m×0.045 m×0.043 m 的长方体进行试验,质量为 0.025 kg,密度为 111 kg/m³。漂浮物块体之间的放置距离由车辆停泊在停车场为模拟情景确定,中心点分别距离左侧边界 1.407 m, 1.515 m, 1.622 m,初始时与水槽边界有一定角度。为便于表述,3 个漂浮物块体从左至右分别编号 1#、2#、3#。

试验中采取安置在水槽上部和侧部的两个电耦式相机(CCD)对漂浮物运动进行记录,然后利用 MATLAB 程序从照片上捕捉其所在位置的相关数据,包括漂浮物水平位移值 x 和垂直位移 z。Albano 等[64]共重复进行了 5 组试验(编号 A—E 组),以探测漂浮物的运动情况,发现在水平位移方面,漂浮物具有较高的重复性,而在垂直位移方面,由于受水流覆盖和障碍物遮挡的影响,数据点则较为分散,但仍保持了大体趋势一致。

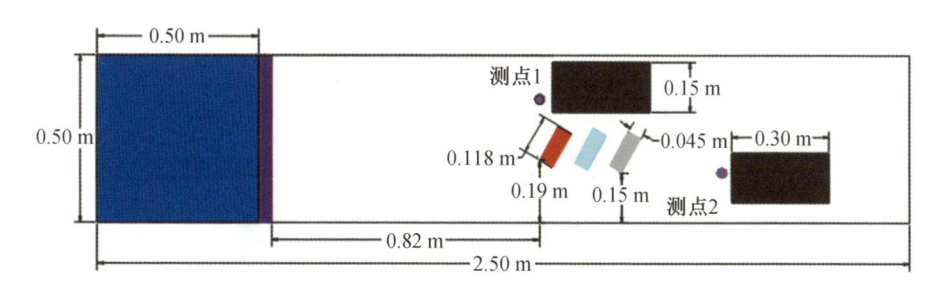

图 3-7 水槽布置俯视图[64]

数值模型中,计算域包括蓄水池在内的全部水槽区域,采用网格大小为 0.01 m 的正方形网格进行划分。考虑到试验中的不锈钢材料的底床,取曼宁系数为 0.01[143]。计算域的所有边界均为固壁边界,原点设在水槽左下角,以水流流动方向,即由左向右为 x 轴正向,y 轴正向选择为由下向上。z 方向上,取水槽底部为基准,即 $z=0$ m 处,默认沿水槽高度方向为正。选取单元颗粒半径为 0.011 m,每个漂浮物块体由 27 个单元颗粒组成,按照 3×9 进行排列,颗粒与颗粒之间刚性链接，即数值模型共模拟计算 81 个单元颗粒。每一个块体的质量为 0.025 kg[64]。DEM 模型相关系数取值借鉴模拟的轿车车辆，有建议的刚度系数[168] $k_n = 1 \times 10^6$ N/m，$k_t = 1 \times 10^6$ N/m，黏性阻尼系数取值为 $c_n = 100$ N·s/m[169]，与地面摩擦系数取 $\mu = 0.02$。模拟过程中，DEM 模型时间步长设置为 10^{-5} s，模拟事件的总时长为 3 s。其中，仅关注 0～2.5 s 内的水变化值和漂浮物位移数据，以排除水槽右侧侧壁反射水流的影响。

图 3-8 为水槽中两个测点的水位历时曲线，从图中可以发现两个测点处水位总体趋势拟合情况较好。尽管在水流第一个峰值后，水位的数模值有略大于测量值的情况出现，这可能是由于在物理模型中溃坝波在障碍物前破碎，但目前的水动力数值模型还未特别考虑到波浪破碎引起的能量耗散和由于水流冲击结构物时流体掺杂空气等因素引起的水位波动。不过，仍然可以认为数值模型重现了水槽中的水流条件。

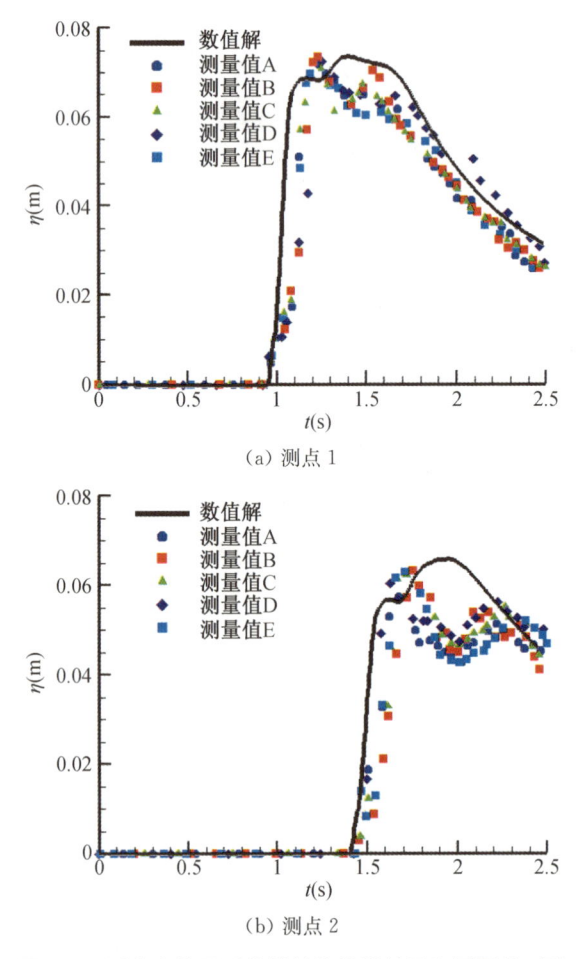

(a) 测点 1

(b) 测点 2

图 3-8 测点水位历时曲线数值模拟结果和测量值对比

如图 3-9 所示,图中(a)(c)(e)(g)为源于 Albano 等[64]的试验过程中 CCD 相机记录的照片,(b)(d)(f)(h)为数值模型预测的相应时刻水槽内水流与漂浮物平面分布图。可以发现,随着闸门提起,水槽中原本储蓄的水体以溃坝波的形式向右(x 正向)开始运动,首先到达 1# 漂浮物块体所在的位置,将漂浮物块体"冲"动,1# 块体随即顺序撞上 2# 和 3# 块体,并继续向 x 正向移动,接着,3 个块体撞到第 2 个障碍物上,3# 漂浮物沿着障碍物上边界擦过,继续向右运动,2# 漂浮物受 1# 漂浮物挤压,沿着障碍物左边界向下(y 负向)运动,并在随后的过程中一直处于被障碍物阻挡的情况中。1# 漂浮物则沿着障碍物左边界缓慢上移一段后继续向右运动。对比 CCD 图像和数值模拟结果后,可以认为数值模型

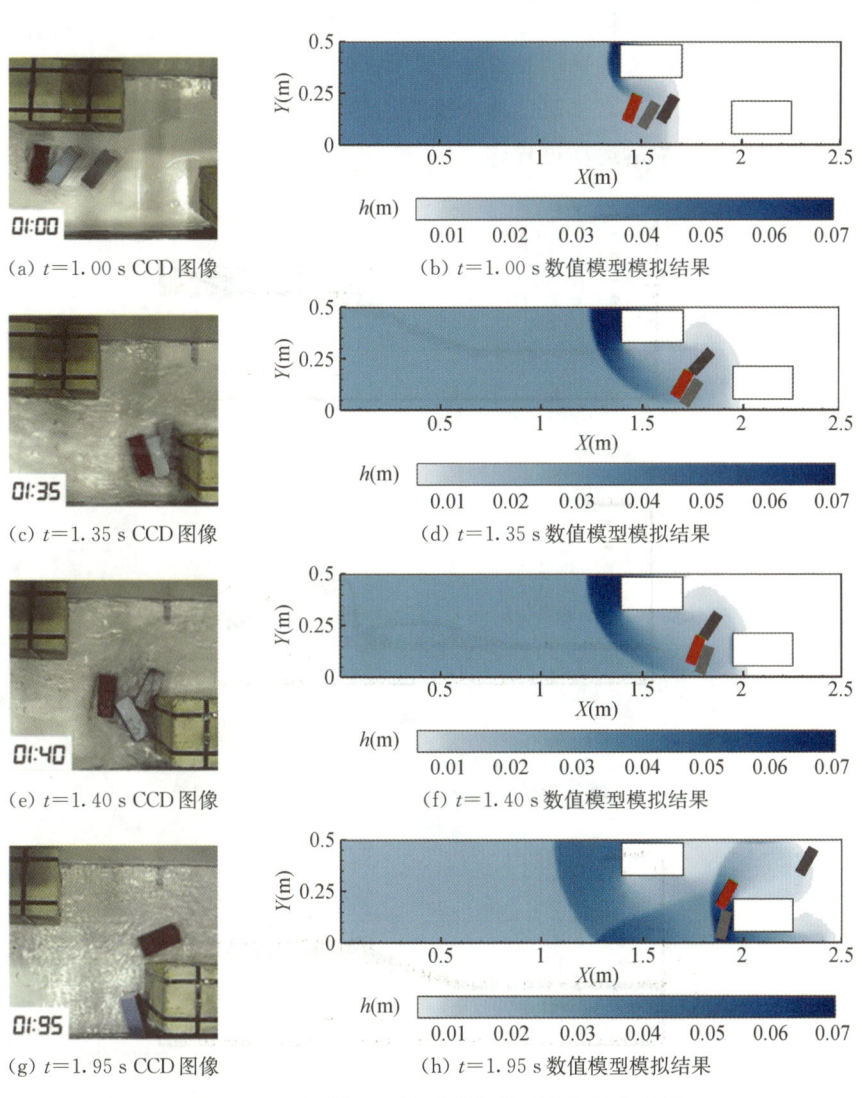

(a) $t=1.00$ s CCD 图像

(b) $t=1.00$ s 数值模型模拟结果

(c) $t=1.35$ s CCD 图像

(d) $t=1.35$ s 数值模型模拟结果

(e) $t=1.40$ s CCD 图像

(f) $t=1.40$ s 数值模型模拟结果

(g) $t=1.95$ s CCD 图像

(h) $t=1.95$ s 数值模型模拟结果

图 3-9　不同时刻水槽内水流与漂浮物平面分布图

基本重现了漂浮物块体的运动过程,其中,$t=1.35$ s 和 1.40 s 时,模拟结果略慢于试验图像,但是其运动趋势与水槽内水流状态相互吻合。

为了更好地研究漂浮物运动情况,进一步定量分析数值模型的计算结果,图 3-10 至图 3-12 展示了数值模型模拟的三个漂浮物块体运动过程中 x 方向与 z 方向位移过程曲线,与 5 组试验测量值之间的对比结果,图中黑色实线为数值模拟的结果,其余散点为从 Albano 等[64]文中图表提取出的试验测量值。在 x 方向上,数值模型模拟的漂浮物运动过程与试验结果基本吻合。其中,数值模型很好地模拟出了三个漂浮物块体在平面上的位移过程,特别是数值模型准确地捕捉到了漂浮物的启动时刻,以及其前进阶段的运动速度(斜率)。值得注意的是,当 $t=1.35$ s 和 1.40 s 时,三个漂浮物块体的 x 方向位移数值模拟结果均有某组次(或某些组次)的试验测量值与之相似。则可认为图 3-9 中,数值模型模拟的水流与漂浮物平面分布图是可以被接受的,而图中误差可能源于 CCD 图像记录的是单组次中漂浮物的运动过程。

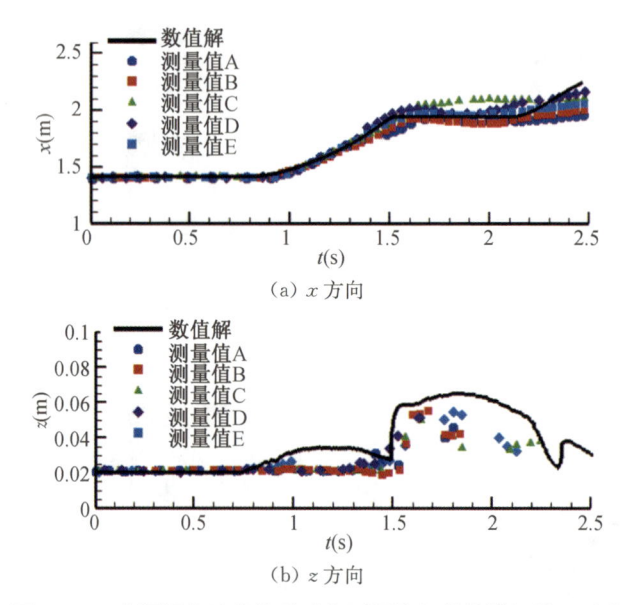

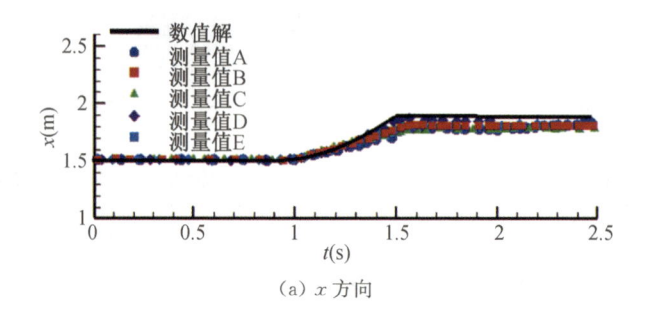

(a) x 方向

(b) z 方向

图 3-10　1#漂浮物块体位移过程测量值与数值模拟结果对比

(a) x 方向

(b) z 方向

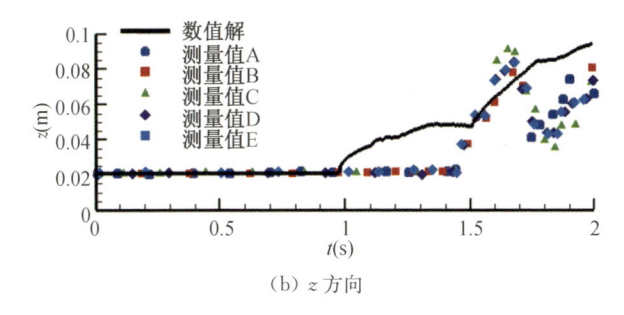

图 3-11　2#漂浮物块体位移过程测量值与数值模拟结果对比

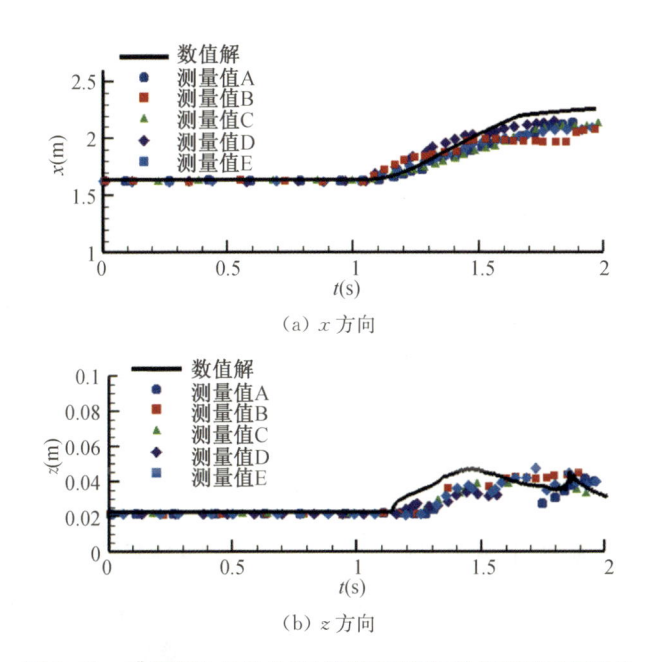

(a) x 方向

(b) z 方向

图 3-12　3#漂浮物块体位移过程测量值与数值模拟结果对比

在 z 方向上，其位移过程曲线实际反映的是漂浮物在水流中上下浮动的过程。从图中可以发现，漂浮物块体在 x、z 方向开始出现移动的时刻均是一一对应的，1#漂浮物在 $t=0.90$ s 左右开始受水流作用，2#漂浮物对应时刻约为 $t=1.00$ s，3#漂浮物约为 $t=1.05$ s，在这些时刻后漂浮物在水流作用下开始出现平面运动时，z 方向即有相应地随水流深度出现沉浮。在漂浮物完全浮起后的运动阶段，数值模拟的结果较为符合测量值，3#漂浮物的垂直位移模拟情况良好，1#与 2#漂浮物在启动阶段出现了模型高估其位移的情况。其中，2#漂浮物块体的位移误差最多约高估了 0.02 m[图 3-11(b)]，这可能是由于 2#漂浮物被障碍物阻挡，而该处水位出现壅高现象，导致了模型预测了块体在垂直方向上的抬高，而实际块体有可能被水流覆盖，还未到达数值模型中预判的漂浮物与水面相对稳定状态。但是，总体来说，在 z 方向上所模拟的漂浮物位移大致趋势是符合测量值的，可以认为模型中采取的简化漂浮物垂直方向运动过程的方法是可行的，并且，漂浮物启动流速模块是符合实际的。

值得一提的是，Albano 等[64]构建了光滑粒子法（SPH）-DEM 模型对该试验进行了重现，对于整个事件（总计时长 3 s）的模拟时长为 3 天 9 小时 47 分钟 19 秒，而本研究构建的数值模型在 CPU：Intel Core i5-6300、GPU：NVIDIA GeForce GTX 950 环境下，运行时间为 1 733 s（约 29 min），计算效率提高了约 170 倍，极大地缩减了计算时长，证明了基于 GPU 计算的水动力—DEM（MSM）模型双向动态耦合模型具备足够的能力高精度高性能地模拟复杂水流条件下漂浮物运动过程。

3.3　水流—结构物—漂浮物相互作用

在本节中，主要工作为验证第二章中提出的水动力数值模型与多颗粒 DEM 模型耦合方法中的关于漂浮物与结构物相互作用的计算方法，也就是水流、漂浮物与结构物三者的相互作用关系。本节将利用数值模型重现漂浮物在极端水力条件下撞击结构物的相关试验，重点关注、比较结构物受力的测量值与模型模拟结果，以此进一步验证本研究所建立的双向耦合数值模型，对水流—结构物—漂浮物三者之间的相互作用关系进行探讨。本节中还将比较在漂浮物条件下与"纯水"条件下结构物受力的数值，并进行分析。

3.3.1　漂浮物初始干床条件——NRC-CHC 漂浮物撞击试验

在 3.1.2 节中涉及的系列物理模型试验中，NRC-CHC 的团队还在水槽中加入了漂浮物，首次对极端水力条件下漂浮物撞击结构物进行了定量的探索。

Nouri 等[167]介绍了相关的试验设置与相关结果，使用的水槽区域长度为 10.6 m，宽度为 1.3 m，深度为 1.4 m。进水设备、闸门、水槽材质与出水口设置均与 3.1.2 节内试验保持一致。水槽试验布置如图 3-13 所示，初始上游蓄水池内水深为 0.75 m，闸门右侧初始为干床。水槽中采用了一个圆柱体结构物模型，圆形截面直径为 0.32 m，高度为 0.6 m，结构物由聚氯乙烯（PVC）制成，位于距离左侧边界 7.97 m 处。结构物底部装有荷载传感器，可以记录结构物 6 个自由度方向上的全部荷载情况。设置一个细长的木质长方体模型作为模拟的漂浮物，尺寸为：0.09 m×0.09 m×0.443 m，质量为 1.479 kg，摆放的初始位置距离水槽左侧边界 6.22 m，即距离结构物 1.75 m，长边（高）方向平行于 x 方向，放置在水槽 x 方向中心轴线上（$y=0.65$ m）。如图 3-14 所示，试验中为保证漂浮物沿直线移动，在其两侧设有足够长度的细弹簧弦线，并且保证当漂浮物撞击结

第三章 极端水流—结构物—漂浮物相互作用过程模拟

物时,弦线不紧绷而影响最终结果。

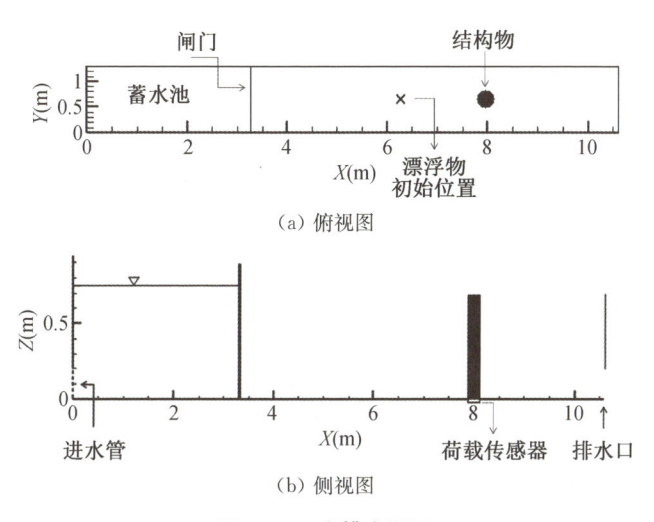

(a) 俯视图

(b) 侧视图

图 3-13 水槽布置图

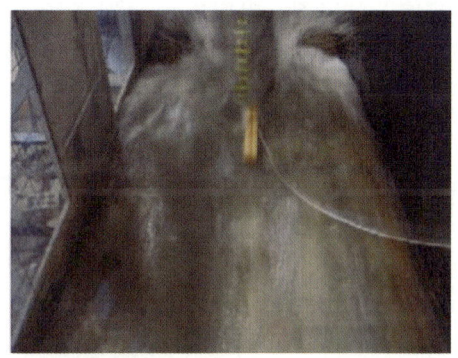

图 3-14 试验中漂浮物在水流作用下撞击结构物过程图[167]

数值模型中,计算域覆盖全部水槽区域,采用网格大小为 0.05 m 的正方形网格进行划分。曼宁系数设为 0.01[143],计算域的左右边界为开放边界,出入流条件与 3.1.2 节一致,其余为固壁边界。选取模拟的单元颗粒半径为 0.045 m,漂浮物块体由 9 个单元颗粒刚性链接成一列组成,质量与实际漂浮物块体保持一致,设置为 1.479 kg。由于缺少漂浮物块体材料物理性质的相关数据,因此,引入结构力学的方法对 DEM 模型中各个参数进行计算[170]。在本算例中把漂浮物块体看作木杆,撞击时,其法向刚度系数可以利用弹性模量 E 来计算:

$$k_n = \frac{EA}{L} \tag{3.6}$$

其中,A 为杆垂直于撞击方向的横截面面积,L 为杆平行于撞击方向的长度。值得注意的是，当结构物为非刚性结构时，计算漂浮物—结构物（固体—固体）撞击力过程中，需用有效刚度 $\hat{k}$ 代替原有的 k_n，得出下式[71]：

$$\frac{1}{\hat{k}} = \frac{1}{k_n} + \frac{1}{k'_s} \tag{3.7}$$

其中，k'_s 为局部刚度系数（Local Stiffness）。

黏性阻尼系数则可以利用漂浮物块体临界阻尼系数 c_c，按下式进行计算[171]：

$$c_c = 2m\omega = 2m\sqrt{\frac{k_n}{m}} = 2\sqrt{mk_n} \tag{3.8}$$

$$c_n = \xi c_c \tag{3.9}$$

其中，ξ 为漂浮物块体材料阻尼比，ω 定义为无阻尼条件下块体自振频率。综合考虑结构物与漂浮物材质，取 $\xi=0.14$，可得本算例中 DEM 模型相关系数取值如下：$k_n=6\times10^4$ N/m，$c_n=87$ N·s/m，$k_t=6\times10^4$ N/m，$\mu=0.2$，计算过程中时间步长设置为 5×10^{-6} s。图 3-15 为结构物受力历时曲线的数值模拟结果与实测值的对比图。可以发现，漂浮物在水流接触结构物后约 0.4 s 撞上结构物，结构物受力产生一个明显的激增，到达最大峰值。随后，漂浮物继续随水流移动，结构物上所受力仅为水流作用力。图中显示数值模拟结果和试验测量值拟合得非常好，数值模型准确地捕捉到了漂浮物撞击结构物的时刻，并模拟出了漂浮物对结构物造成的瞬时撞击过程。在对撞击力峰值的预测方面，模型输出的撞击力最大值为 666 N，略大于实测的 654 N，误差仅为 1.8%。漂浮物撞击发生后，结构物上受力为水流作用力，数值模拟的变化趋势与测量值相符。

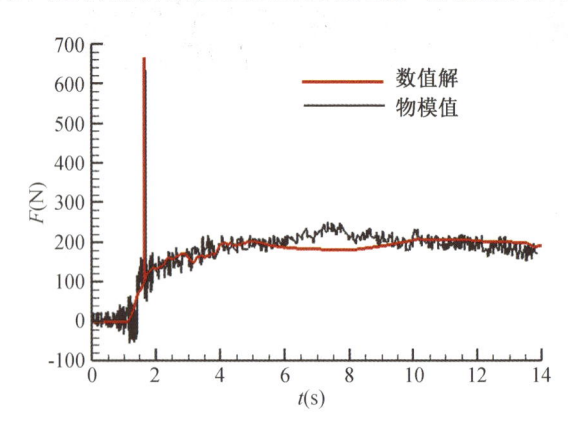

图 3-15　结构物受力历时曲线数值模拟结果和试验测量值对比

Nouri 等[167]还提到了在重复试验操作时，个别组次中出现了结构物受到漂浮物模型二次撞击的情况，据观测是漂浮物在第一次撞击后又被水流"冲向"结构物发生"回弹"导致的。为了在模型中模拟此种情况,探索性地将结构物进行扩大,增大漂浮物可能发生撞击的区域,假设有边长等于原圆柱体直径的长方体结构物,放置在原结构物所在位置。此时,得到了漂浮物发生二次撞击的模拟结果,将结构物受力历时曲线的数值模拟结果与测量值进行对比,如图 3-16 所示。该情况下,数值模型仍可以很好地捕捉到漂浮物撞击结构物的时刻,数值模拟的结构物受力整体过程和变化趋势均和试验测量值相互吻合。此时,试验测量得到的第一次撞击力为 553 N,第二次撞击力为 423 N,间隔约为 0.2 s,模型预测的最大峰值为 678 N,第二次撞击力为 408 N,间隔 0.43 s,故对于结构物受力值的模拟误差约为 22%。在此条件下,误差大部分源于对漂浮物二次撞击的探索,即对结构物的假设。但是,该模拟结果仍旧是可接受的,特别是对第二次撞击力的捕捉。因此,可以认为本研究构建的数值模型完全具备模拟漂浮物块体初始位于干床条件受极端水流作用撞向结构物这一过程的能力,并且可以准确地模拟计算出在此条件下漂浮物产生的撞击力。

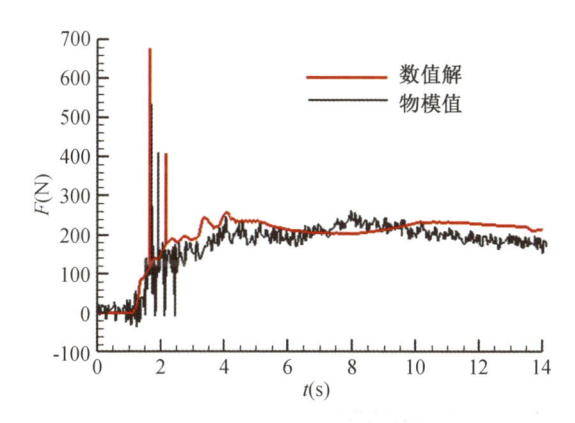

图 3-16 结构物受二次撞击时受力历时曲线数值模拟结果和试验测量值对比

3.3.2 漂浮物初始湿床条件——OSU LWF 漂浮物撞击试验

Ko 等[172]在俄勒冈州立大学(Oregon State University,OSU)波浪研究实验室(O. H. Hinsdale Wave Research Laboratory,HWRL)的一个大型水槽(Large Wave Flume,LWF)中进行了关于极端水流作用下漂浮物运动的试验,用于研究漂浮物对结构物的撞击力。试验水槽用混凝土砌块搭建,长 110 m,宽 3.6 m,高 4.6 m。水槽中用一个坡度为 1∶12 的斜坡以连接上下游高度不同的两个平台,以左侧较低的平台为基准面,水槽底面逐渐抬升直至右侧较高的平台,底高程达到 2.37 m,具体水槽布置如图 3-17 所示。与 3.1.1 节所述,同样在 HWRL 进行的试验相似,水槽左侧边界处设有一个与 TWB 内相同类型的造波机。试验中,孤立波在被制造后,经斜坡传播,在右侧平台上演变出水力特征与海啸波登岸后的涌浪相类似的波面,用于营造极端水力条件。试验中,水槽一侧设有多个浪高仪(Wave Gauge,WG)对整体水力过程进行记录。水槽上部设有钢轨,长方体结构物上部被固定在钢轨上,下部与平台平面恰好接触但不固定,在其后面(x 正向)5 mm 处有一个内嵌在平台内的荷载传感器(Load Cell),可用于测量结构物受力情况,并保证结构物与之接触后不再移动,如图 3-18(a)所示。结构物的水平截面尺寸为:0.2 m×0.2 m,距离左侧边界 70.6 m。水槽内初始水位高度为 2.5 m,即右侧平台区域水深为 0.13 m,如图 3-17(b)中蓝色水平线所示。

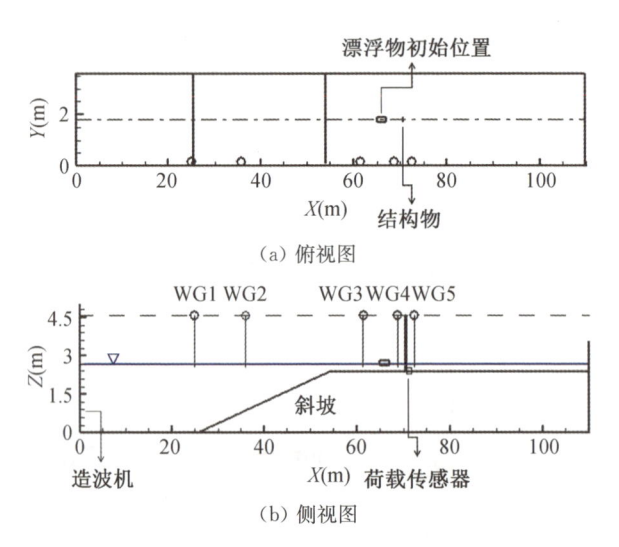

(a) 俯视图

(b) 侧视图

图 3-17 水槽布置图

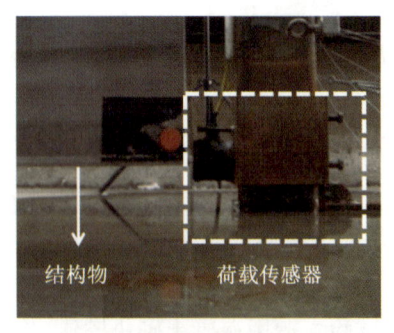

(a) 结构物与荷载传感器

(b) 漂浮物与导线[72]

图 3-18 试验设备照片

试验中使用的漂浮物模型是一个由铝板制成的空心长方体,以 20 ft 标准集装箱为原型,选取比尺为 1∶5,模型尺寸为 1.22 m×0.49 m×0.58 m,质量为 53.898 kg,初始位于 $x=67.1$ m,距离结构物 3.5 m,被放置在水槽 x 方向中心

第三章 极端水流—结构物—漂浮物相互作用过程模拟

轴上。试验中,利用两根细钢索线作为导线,以保证漂浮物长边始终与 x 轴方向平行,如图 3-18(b)所示。漂浮物在初始状态即浮于水中,与水面相对静止。漂浮物与该结构物之间的相关参数由在空气中的预备试验得到[72]: $k_n = 4.36 \times 10^7$ N/m, $c_n = 48.5$ kN·s/m, $k_t = 2.3 \times 10^7$ N/m, $c_t = 35.22$ kN·s/m, $\mu = 0.2$, 计算过程中时间步长设置为 10^{-4} s。

使用本研究构建的数值模型对该试验进行模拟,计算域覆盖全部的水槽区域,划分为均匀统一的正方形计算网格,网格大小为 0.1 m。对于水槽底部,曼宁系数取 0.016[142]。计算域左侧边界处设置为具有孤立波波形的入流开放边界[135],其余均为固壁边界。采用 5 个半径为 0.25 m 的单元颗粒刚性链接成一列,对该集装箱模型进行模拟,质量与原漂浮物模型保持一致为 53.898 kg。

首先,选取了两个浪高仪测点的水位历时曲线进行数值模拟结果和试验测量值的对比,分别为水槽中斜坡上的测点 WG2,和结构物附件的测点 WG5,如图 3-19 所示。可以发现,造波机制造的孤立波在 WG2 上还保持着部分孤立波的特点,有一个较完整的孤立波波形,而在平台上的测点 WG5 处,模拟的水波已撞上结构物,对应于图 3-19(b)中 $t=23.5$ s 左右出现的水面激增过程。

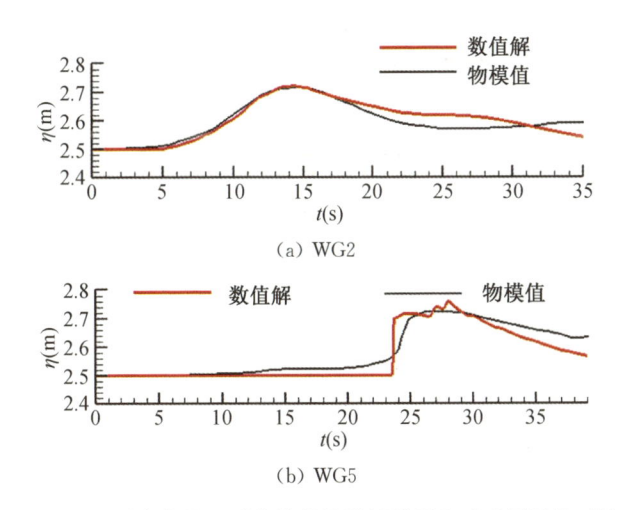

图 3-19 测点水位历时曲线数值模拟结果和试验测量值对比

图 3-20(a)展示了数值模型对试验全过程中结构物受力历时曲线的模拟结果和解析解对比结果,可以发现,两者吻合情况很好,数值模型很好地捕捉到了结构物承受漂浮物撞击的时刻,并且计算出了漂浮物二次撞击的情况。尽管模拟的二次撞击时间略迟于测量值,且略低估了漂浮物施加的作用力,但是这个力在数值上远小于漂浮物第一次撞击结构物产生的最大撞击力。因此,仍然将结构物所承受的峰值撞击力作为研究的重点。为了进一步比较这个瞬时数值模型

预测的撞击过程与实际情况之间的关系,图 3-20(b)将图 3-20(a)在时间轴上进行了局部放大,展示了在 $t=24.085\sim24.1\ s$ 内撞击力的变化过程。可以发现,该时刻即为漂浮物撞击结构物的时刻。结构物受力在 $t=24.092\ 6\ s$ 时发生激增,该时刻即为漂浮物撞击结构物的时刻。随后,结构物受力值出现下降,并短暂地产生了沿 x 负向的力。接着,结构物受力逐渐恢复漂浮物撞击前的状态,此阶段内,试验测量值出现了小幅度的振荡,而数值模型中计算的力没有出现这种浮动。这可能是由于在试验过程中,结构物需要依靠其后侧 5 mm 的荷载传感器保持固定,而在数值模型中,将结构物与水槽底床作为固定连接处理。从数值方面来看,数值模拟中的最大值为 42.07 kN,从 Ko 等[172]图中提取的试验测量的力的最大值约为 39 kN,误差约为 7.9%。综上所述,可以认为,数值模型很好地重现了漂浮物在初始浮于水中(湿床)条件下,受极端水流作用撞击结构物的过程。

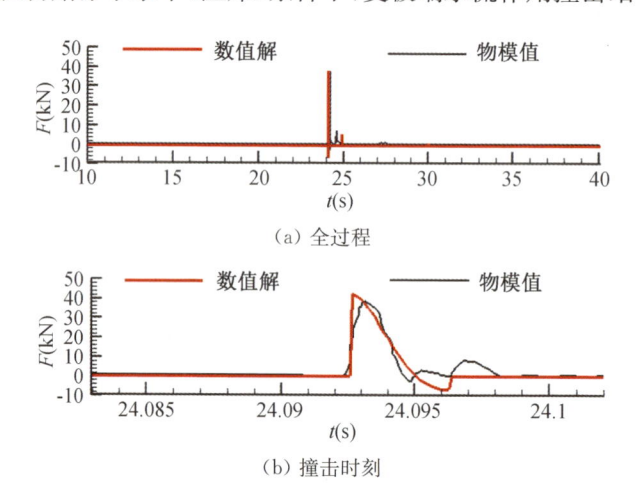

(a) 全过程

(b) 撞击时刻

图 3-20　结构物受力历时曲线数值模拟结果和试验测量值对比

3.3.3　漂浮物撞击力与"纯水"条件下水流力关系

在 3.3.1 节的 NRC-CHC 漂浮物撞击试验中,Nouri 等[167]测量了同等试验布置和水流条件下,无漂浮物作用时结构物受力情况。该"纯水"条件下,结构物受力历时曲线的数值模拟结果和物模测量值对比结果如图 3-21 所示。可以发现,对于 NRC-CHC 试验,数值模型很好地重现了结构物的受力过程。3.3.2 节的 OSU LWF 试验中,Ko 等[172]未进行同等条件下无漂浮物情况时结构物的受力情况的测量。因此,基于前文已验证的耦合模型对于流体与结构物相互作用的模拟能力,利用模型进行了"纯水"条件下的数值试验,并获得了数值模型模拟的结构物受力历时曲线,如图 3-22 所示。结合 3.1.1 节的相关结果,可以认为模拟的结果符合结构物受力过程。

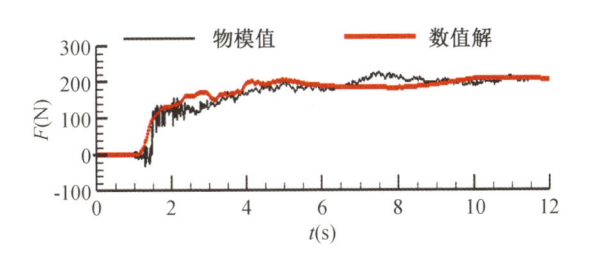

图 3-21　NRC-CHC 试验"纯水"条件下结构物受力历时曲线数值模拟结果和试验值对比

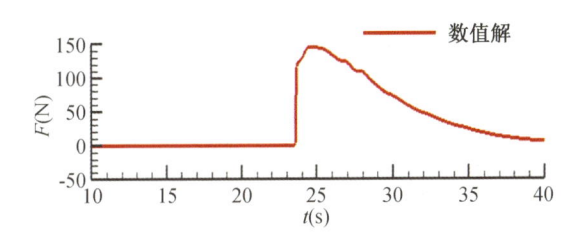

图 3-22　数值模拟的 OSU LWF 试验"纯水"条件下结构物受力历时曲线

在此基础上，可以得到在不同条件下，结构物最大受力值与它们之间的相互关系，如表 3.1 所示，其中，NRC-CHC 的试验使用的数据来自漂浮物单次撞击结构物的情况。表格中，"倍数"一栏是将水流力与漂浮物撞击力共同作用下产生的最大力除以"纯水"条件的水流力获得的数值。

表 3.1　不同条件下结构物最大受力值对比　　　　　　　　　单位：N

试验条件	NRC-CHC 试验测量值	NRC-CHC 数值模拟	OSU LWF 试验测量值	OSU LWF 数模模拟
"纯水"条件	229	209.8	—	145.9
漂浮物条件	654	666	39 000	42 070
倍数	2.86	3.17	—	288.35

可以发现，采用木质漂浮物为研究对象时，其撞击力为水流力的 3 倍左右。而当研究对象为集装箱模型时，撞击力大幅上升，为水流力的 288 倍。这可能是由于集装箱模型的刚度系数与黏性阻尼系数远远大于木质材料，因此其在极端水流的挟带下，对结构物的撞击力达到了 42 070 N 之多，相应的"倍数"也急剧增加。

3.4　本章小结

本章结合五个不同的物理模型试验算例以及推导的稳定水流条件下漂浮物

运动解析解算例，通过水流运动过程、水流水力特征值、结构物受水流力、漂浮物位移、漂浮物撞击力等数值，综合地考察了耦合数值模型的性能与模拟计算能力。本研究所构建的数值模型中，不再局限于前人仅定性研究流体与固体相互作用的不足，而是可以定量地模拟分析极端水力条件下水流—结构物—漂浮物三种之间的相互作用关系。数值模型很好地模拟出了极端水力条件下结构物受水流作用、漂浮物被水流冲走、水流挟带漂浮物运动以及撞击到结构物等全部物理过程，并且，通过基于物理学受力分析推导的计算公式，在无须人为选定拖曳系数的情况下，数值模型可以完全自动计算捕捉结构物所受的最大峰值力。此外，本章对比了有漂浮物条件和"纯水"条件下结构物受力情况，结果表明，结构物在受到漂浮物撞击后，承受的总作用力的最大值大幅增加，对于刚度系数和黏性系数较大的漂浮物，其产生的撞击力则更为惊人。

相较于已有的其他模型，本研究所建立的水动力-多颗粒DEM双向耦合数值模型的模拟结果更加精准也更加符合实际情况，适用于模拟任意形状和尺寸的漂浮物。本模型在确保模拟结果高精度的同时，还可以高效地处理、计算大量数据，是一个全新的可适用于科学研究和工程运用的数值模型。

第四章

确定性建筑物破坏状态评估模型

在极端水灾害中,研究区域内的全部建筑物都会受到灾害的影响,为了研究大范围灾害过程中全部建筑物的结构响应,以及产生的破坏,本章提出了一种确定性建筑物破坏状态评估预测方法。基于极端水灾害过程中对建筑物的最大作用力,该评估方法从建筑物本身物理特性角度出发对产生的破坏进行评估。与上一章所建立的水动力—多颗粒离散元双向动态耦合数值模型结合,则可以构建一个适用于预测分析极端水灾害引发的建筑物破坏状态的整体模型。本章以一个受到严重海啸威胁的实际沿海城市为研究对象,利用该整体模型对一场假想海啸事件进行了模拟,并预测分析该城市中的全部建筑物的破坏状态。

4.1 建筑物破坏评估确定性方法

为了定量分析建筑在极端水灾害中的破坏情况,本研究引入了美国联邦应急管理局(FEMA)开发的"多灾害损失评估模型(HAZUS-MH)"中的研究方法,即通过非线性静力方法对侧向承载力系统进行弹塑性分析的方式来评估建筑物破坏状态。在 HAZUS-MH 模型中,综合考虑了建筑物结构破坏、内部人员伤亡、社会经济影响等因素,将建筑物破坏状态共分为四类:轻微破坏(Slight)、中等破坏(Moderate)、延展破坏(Extensive)和完全破坏(Complete),每种破坏对应的建筑物结构响应状态在 HAZUS-MH 技术手册[121]中均有详细的描述。HAZUS-MH 中将建筑物按照主要功能(商业建筑或民用建筑)和建筑材料(如木质房屋、钢筋混凝土、钢结构等),共分为 36 类,并且,再依据建筑物所遵循的设计规范类别将每类建筑物进一步细分为:存在建筑规范之前已建立的建筑物(Pre-Code),以及遵循低标准建筑规范(Low-Code)、中等标准建筑规范(Moderate-Code)、高标准建筑规范(High-Code)的建筑物,即共有 36×4=144 种类别建筑。对于每种类别的建筑物的侧向承载力系统,HAZUS-MH 提供了一一对应的承载能力/弹塑性曲线(Capacity/Pushover Curves)。

这些代表侧向承载力系统的承载能力曲线通常由以下三个量作为主要控制等级:弹性/设计承载力(Design Capacity)、屈服承载力(Yield Capacity)和强度/

极限承载力(Ultimate Capacity)。设计承载力表示的是在地震设计规范中,规定要求建筑物所能承受的承载能力值,或是为了抵抗其他侧向力而设计的标准值,如:侧向风压力、海啸波撞击力等[173],代表系统的名义拉伸力极限。屈服承载力所指的是建筑物可以承受的实际拉伸力极限,由于设计过程中往往会增加考虑一些相应的富余力,屈服承载力代表的就是包含了合理富余量的承载力数值,可以认为此状态下的建筑物达到了微小塑性形变的极限。极限承载力代表的是结构发生破坏时,建筑物侧向承载力可以产生的抵抗外力的最大值,是建筑物开始发生不可逆完全变形/破坏的极限状态时承受的作用力数值。计算过程中,当建筑物承受外力在超过其极限承载力后,结构的变形程度仍然随外力的增大而变得更大,但它的侧向承载力系统已不会再产生任何额外的抵抗力。

对于以上三个承载力,HAZUS-MH 中结合建筑物重量 W_i,提供了对应的计算系数,分别为:对应设计承载力的 C_s,对于屈服承载力的 γ,以及计算极限承载力的 λ,相应的计算方式如表 4.1 所示。

表 4.1 侧向承载力系统承载能力曲线控制等级

	设计承载力	屈服承载力	极限承载力
计算公式	$C_s W_i$	$\gamma C_s W_i$	$\lambda \gamma C_s W_i$

对于所有的 144 类建筑物,HAZUS-MH 的技术手册中提供了每个对应计算系数的取值作为参考和使用[121]。

为了可以直接对水灾害中的建筑物状态进行预测和评估,将侧向承载力系统的承载能力与本研究所构建的双向耦合模型相结合,模型中引入以下公式,首先对涉及的建筑物的重量进行计算:

$$W_i = \frac{k A_i H \rho_{Bi} g}{\alpha_1} \tag{4.1}$$

其中,下标 i 代表给定的建筑物的编号,A 表示建筑面积,ρ_B 表示建筑材料的密度,H 是从建筑物底层底板到最高层楼顶的建筑物高度。α_1 为有效重量因子,在 HAZUS-MH 的弹塑性分析中,用于修正建筑物重量数值,以便能获取更准确的承载力等级。对于不同的建筑类型,规范手册中已对每个类别的建筑物列出了建议选取的建筑物高度和重量因子取值。k 表示的是建筑物中使用的建筑墙体的体积与建筑物总体积之间的比例。在房屋建筑领域,一般认为墙体面积为建筑面积的 3 倍,层高约为 3 m,墙体厚度约为 0.24 m[174-176],故墙体体积约占建筑物体积的 25%,因此,本研究模型中取 $k=0.25$ 进行计算。

表 4.2 中列出了对于常用建筑物种类的所需计算参数。所列出的建筑物类别包括木质建筑物和钢筋混凝土(RC)两类。其中,又按照建筑物楼层和使用目

的,将木质建筑物分为 W1 和 W2 两小类,W1 类全部为单层的民用建筑,W2 类则包含楼层较多的民用建筑以及所有木质结构的商业、工业用途建筑物。而对于 RC 建筑物,技术手册中将其全部看做商业用途建筑,因此只按照楼层进行细分,1~3 层为低高度(C1-Low)、4~7 层为中等高度(C1-Mid)、7 层以上则为具有高高度的建筑物(C1-High)。表 4.3 简要地列出了 HAZUS-MH 技术手册[121]里对 W1、W2 和 C1 类别建筑物在不同破坏状态下,建筑物各结构表现的主要描述,也作为对各破坏状态的定义。

表 4.2 不同建筑物种类承载力计算参数

建筑物种类	H(m)	α_1	C_s High-Code	C_s Moderate-Code	C_s Low-Code	C_s Pre-Code	γ	λ
W1	4.27	0.75	0.200	0.150	0.100	0.100	1.50	3.00
W2	7.33	0.75	0.200	0.100	0.050	0.050	1.50	2.50
C1-Low	6.10	0.80	0.200	0.100	0.050	0.050	1.50	3.00
C1-Mid	15.24	0.80	0.200	0.100	0.050	0.050	1.25	3.00
C1-High	36.58	0.75	0.150	0.075	0.038	0.038	1.10	3.00

表 4.3 不同建筑物种类各破坏状态的描述

建筑物类别	破坏状态	描述
W1	轻微破坏	门窗开口角落处、墙顶角落处有小灰泥掉落、建筑的石膏板出现裂缝
W1	中等破坏	门窗开口角落出现大块灰泥掉落或石膏板有较大裂缝,在剪力墙板上出现较小的对角线裂缝
W1	延展破坏	剪切墙板上出现较大的对角线裂缝,胶合板接缝处出现较大的裂缝;房屋底板和屋顶产生永久性横向移动;地基出现裂缝;木板开裂或/并在地基结构上产生滑移
W1	完全破坏	结构发生较大的永久性横向移动,已经坍塌,或因墙体失效有立即坍塌的危险;有些结构可能会从地基上滑落;地基出现较大的裂缝。预计完全破坏状态下的建筑物坍塌面积占建筑总面积的 3%
W2	轻微破坏	门窗开口角落处、墙顶角落处有小灰泥掉落、石膏板出现裂缝;在螺栓连接处可能会有一些螺栓滑移现象
W2	中等破坏	门窗开口角落出现大块灰泥掉落或石膏板有较大裂缝,在剪力墙板上出现较小的对角线裂缝;拉杆出现弯曲或松弛;具有大开口的墙体有较小的横向移动;在螺栓连接处有滑移现象并且此处木材有较小的裂缝

续表

建筑物类别	破坏状态	描述
W2	延展破坏	在剪切墙板上出现较大的对角线裂缝;拉杆撑断或完全松弛;房屋底板和屋顶产生永久性横向移动;地基出现裂缝;木板开裂或/并在地基结构上产生滑移;软楼层(Soft-story)倒塌;螺栓连接处螺栓出现滑移并且此处有木材破裂
W2	完全破坏	结构发生较大的永久性横向移动,已经坍塌,或因剪力墙失效、拉杆断裂有立即坍塌的危险;有些结构可能会从地基上滑落;地基出现较大的裂缝。预计完全破坏状态下的建筑物坍塌面积占建筑总面积的3%
C1	轻微破坏	在一些梁和柱的连接处或附近出现弯曲或剪切型细线裂纹
C1	中等破坏	大多数梁和柱上出现细线裂纹;一些框架构件已达到屈服承载力,出现较大的弯曲裂纹和混凝土剥落痕迹
C1	延展破坏	一些框架构件已达到极限承载力,有较大的弯曲裂缝、混凝土剥落、主钢筋弯曲;混凝土柱内主钢筋发生断裂或弯曲,可能导致部分坍塌
C1	完全破坏	结构框架失稳,建筑物有坍塌或面临坍塌危险。预计完全破坏状态下的建筑物坍塌面积占建筑总面积的 13%(低高度)、10%(中等高度)、5%(高高度)

当在建立上述计算基础后,可以由建筑物重量 W_i 和各承载力系数 C_s、γ、λ 计算获得相应侧向承载力系统的控制等级。将本研究构建的数值模型与其进行耦合,利用数值模型中所获得的建筑物最大作用力(Maximum Total Force,$F_{T\max}$)与各等级的承载力数值进行对比,即可判断研究的建筑物对象在模拟的水灾害过程中受到的破坏状态(Damage Level)。

其中,对于坐标为 (i,j) 的建筑物在水灾害过程中,受到的最大作用力为:

$$(F_{T\max})_{i,j} = \mathrm{MAX}((F_{Fluid})_{i,j} + (F_{Debris})_{i,j}) \tag{4.2}$$

其中,F_{Fluid} 表示水流作用力,F_{Debris} 表示漂浮物撞击力,模型将记录在全部模拟事件过程中,在 (i,j) 处总作用力的最大值,作为 $F_{T\max}$ 的量值。具体判断条件如表4.4所示。

表4.4 建筑物破坏状态判断条件

最大作用力(Maximum Total Force)	破坏状态(Damage Level)
$F_{T\max}=0$	无破坏(No Damage)
$0<F_{T\max}\leqslant C_s W_i$	轻微破坏(Slight Damage)
$C_s W_i<F_{T\max}\leqslant \gamma C_s W_i$	中等破坏(Moderate Damage)
$\gamma C_s W_i<F_{T\max}\leqslant \lambda \gamma C_s W_i$	延展破坏(Extensive Damage)
$\lambda \gamma C_s W_i<F_{T\max}$	完全破坏(Complete Damage)

在结合了建筑物破坏状态判断条件与耦合数值模型之后,可以得到一个完整的确定性极端水灾害中建筑物破坏预测分析框架,在数值模型中计算模拟顺序如图 4-1 所示。

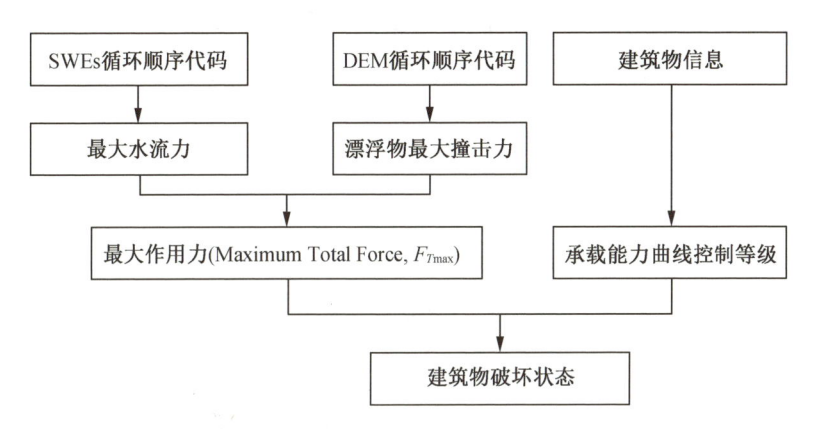

图 4-1　确定性的极端水灾害中建筑物破坏预测分析框架计算步骤流程图

4.2　现实算例——美国俄勒冈 Seaside 地区假想海啸过程模拟

在本节中,本研究所构建的水动力-多颗粒离散元双向动态耦合数值模型将被用于实际尺度下算例的分析。由于实际海啸灾害为突发事件,尽管在灾害过程中观测到了漂浮物随水流运动的过程,或在灾后的内陆区域确有漂浮物出现。但是,目前仍然缺少可用的实测数据。因此,选取美国俄勒冈州 Seaside 地区作为模拟对象,以一场假想海啸作为极端水灾害的代表,利用上文介绍的确定性建筑物破坏状态评估预测分析该算例结果,对 Seaside 地区内全部的建筑物进行预测,并且给出相应的建筑物破坏状态分布图。

4.2.1　研究区域介绍

研究区域为美国俄勒冈州的 Seaside 地区的全部陆地区域及其附近的近海区域,选择该地区作为研究对象的原因有以下四点:

其一,Seaside 坐落于美国太平洋西北部美国俄勒冈州,在它外海 1 000 多千米的地方,是大陆板块和太平洋板块交界处的卡斯卡迪亚俯冲带(Cascadia Subduction Zone,CSZ),如图 4-2 所示。图中红色虚线代表该处的地震断裂带,实际长度超过了 1 000 km,断裂带构造和印度尼西亚附近地震带相似。CSZ 区域在过去 10 000 年内发生过多次地震,最近的一次大型构造板块断裂事件发生在 1 700 年,导致了 20 m 高的海啸,给沿岸的俄勒冈州、华盛顿州和加利福尼亚州带来了巨大的灾难,影响范围甚至到达了日本。美国地质调查局报告表明,

CSZ 区域地震事件之间的平均复发间隔为 240 年,预计下一次事件在未来 50 年发生的概率为 7%～12%,震级可能高达 9 级。俄勒冈州的海湾发生大地震的可能性为 40%[178]。并且有研究表明,俄勒冈州的南部海岸具有极大的概率受到地震的复发频率影响。2015 年至今,俄勒冈外海已连续多次发生地震,各次地震等级不一,有的甚至超过了 5 级。其中,最严重的是 2018 年 8 月在俄勒冈州沿岸远海发生的 6.2 级地震,震源深度 10 km。值得警醒的是,这一系列小地震极有可能引发 CSZ 构造板块断裂的大地震。当高强度的地震发生时,在该区域将有极大的可能发生海啸,并且造成的破坏可能会超过 2011 年日本海啸灾害。

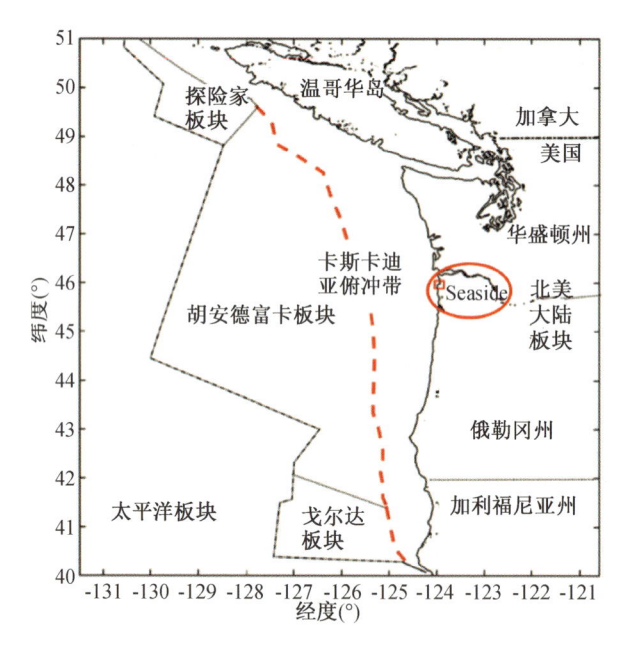

图 4-2 CSZ 地图与研究区域 Seaside 位置示意图[177]

其二,CSZ 区域具有相对简单的海岸地形,图 4-2 中红色圆圈处即为 Seaside 区域,此处外海的海底底床等高线呈南北走向,且平行顺直,适宜对其进行研究。

其三,Seaside 地区为当地著名旅游度假小镇,其中心区域处,人口较为集中,沿海岸建有大型酒店、商场等综合体建筑,有密集的住宅群,属于高风险沿海地区[91]。

其四,目前已有众多的学者对 CSZ 区域开展了研究,其中由于 Seaside 地区具有很高的研究价值和防护意义,更是已经引起了多方关注。俄勒冈州立大学(Oregon State University,OSU)的 Park 和 Cox[177]通过地壳板块、断裂类型、地形条件等,推算出了 Seaside 地区可能发生的不同强度海啸灾害的淹没水位。

Park等[91]在此基础上,收集整理了该区域全部的地形数据、建筑物信息,综合考虑了近年来发生的地震事件强度,选取了强度为 1 000 年一遇的假想海啸事件对该区域建筑物破坏状态进行了概率性评估。

然而,目前关于该区域的研究都是基于"纯水"的假设,忽略了漂浮物的作用。因此,在本研究中,同样选取该强度为 1 000 年一遇的假想海啸事件对 Seaside 区域进行模拟,并且将所获得的水力特征值、建筑物破坏状态等结果与 Park 等[91]获得的结果进行类比,以验证模拟结果的准确性。并在第五章选取同样的极端水灾害事件,对 Seaside 地区水流挟带漂浮物情况下,建筑物的破坏状态进行模拟分析。

4.2.2 数值模型设置

研究区域地理位置经纬度坐标为 123.896°W~124.015°W,45.955°N~46.045°N,谷歌地球卫星图像(Google Earth Satellite Image)如图 4-3(a)所示,共覆盖区域 9 920 m×7 776 m。计算域地形的数字高程模型(Digital Elevation Model)的地形数据图如图 4-3(b)所示。其中,黑色的实线表示当地平均海平面线,即高程基准线(z_b=0 m)。图中标注了两个测点,分别为在近海区域的测点 A(坐标:124.011°W,46°N)和在海岸线上的测点 B(坐标:123.931°W,45.995°N), A、B 处的数据被用于观测、记录和对比模拟的海啸事件中水位变化过程。模拟过程中,整体计算域用大小为 8 m 的正方形网格进行均匀划分,共有 1 240×972=1 205 280 个网格。整体曼宁系数选取 0.03[89],计算域的四个边界全部设置为允许水流自由出入流的开放边界,保证与实际情况相符合。其中,左边界(西侧边界,West Boundary)的入流条件来源于 1 000 年一遇的假想海啸事件中 A 点所在处的水位变化历时曲线,将其作为模拟海啸灾害的海平面变化初始条件。

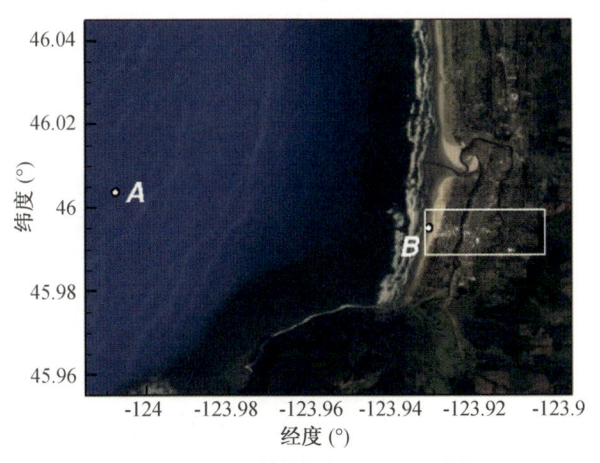

(a) Seaside 区域及近海地区卫星地图

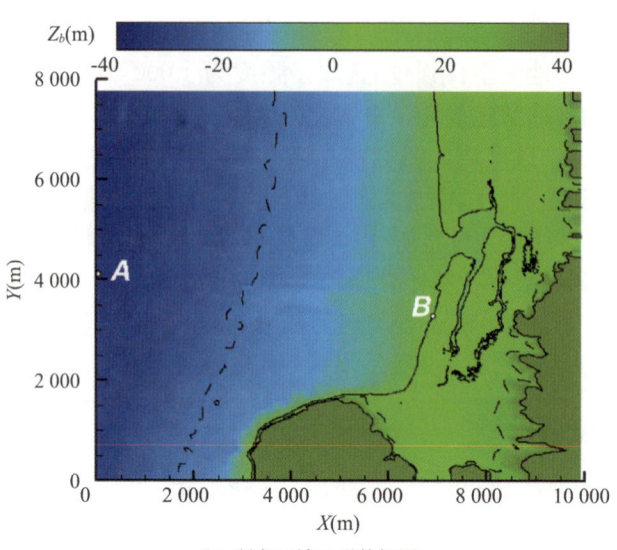

(b) 研究区域地形数据图

图 4-3 区域地形图

由于整体 Seaside 地区较为广阔，整体区域中建筑物最为密集、人口集中地区为它的城镇中心区域，即图 4-3(a)中的白色矩形框代表地区。由于在其余地区人口分布较少，基本为无建筑物的森林或平原区域，因此，城镇中心区域实为 Seaside 地区中对海啸灾害最为敏感的成灾区域，故随后的相关模拟结果中将以该中心区域作为分析重点。该区域卫星图像如图 4-4(a)所示，在整体计算域中的范围为：$6\,724\text{ m} \leqslant x \leqslant 9\,276\text{ m}$，$2\,828\text{ m} \leqslant y \leqslant 3\,724\text{ m}$。在以灰色为底色的数据图上，用深灰色的实线表示了地形数据中提取的高程为 0～70 m 等高线，如图 4-4(b)所示。可以发现，有两条河流将城市从海岸至内陆分为三部分，分别坐落在 $x=7\,400$ m 和 $x=8\,300$ m 周围，在图 4-4(b)中，用 0 m 等高线对河岸进行了标注，这种地形特征对于海啸在城市区域内的整体淹没过程将造成严重的影响[32]。后文中为方便叙述，按照海洋向内陆方向，取图中左侧河流（坐落在 $x=7\,400$ m 左右）称为"第一条"河流，图中右侧河流（坐落在 $x=8\,300$ m 左右）称为"第二条"河流。

在所收集到的研究资料中，建筑物信息包括：每个建筑物的 UTM 投影坐标（Universal Transverse Mercator Projection，通用横轴墨卡托投影）、楼层层数、相应设计规范、建筑物高程、税收数据（Tax Lot Data）等。对数据处理时，首先利用 UTM 坐标和经纬度转换关系，可获得每个建筑物的实际位置和参与数值模拟的计算域内坐标。在图 4-4(b)中，建筑物已按不同类别，用相应颜色的点进行了标注。值得一提的是，在模型建立与设置时，每个建筑物的所有相应数据都会被自动存储在这些点所在的计算域网格中。而且，为了便于水动力数值模

第四章 确定性建筑物破坏状态评估模型

型更加精确地模拟海啸淹没过程中建筑物的存在对水流的影响,以及密集的建筑物群的屏蔽现象,在建筑物的高程数据也录入进模型中之后,计算域内的原始地形数据将被自动修正,选取建筑物高程作为当地原始地形数据的更新值进行替换,更新后的地形数据将被运用于最终海啸过程的模拟计算。除此之外,在存储建筑物相关信息后,楼层信息同样会在计算房屋重量时作为参考条件,以免对多层建筑物的房屋面积产生重复计算。

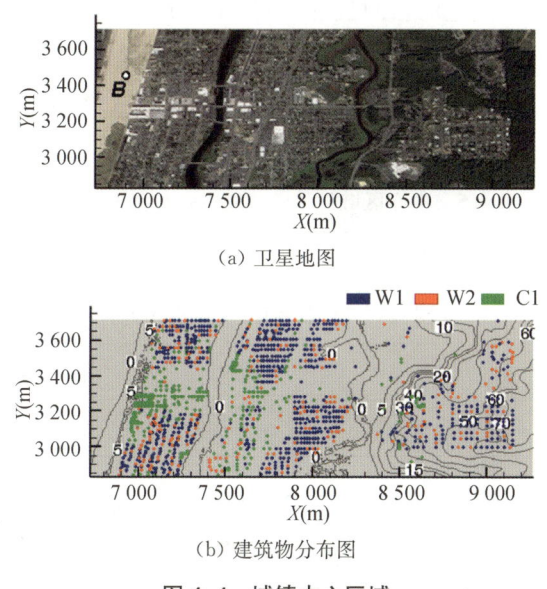

(a) 卫星地图

(b) 建筑物分布图

图 4-4 城镇中心区域

资料中包含的税收数据源于美国俄勒冈州相关部门,此处所谓的税收数据具体指每个可划分的最小块单位(Lot)区域上可用于税务评估的全部相关信息。对于块单位区域内仅有一栋独立建筑物时,这些信息即为该建筑物相关数据。而对于在一个块单位区域内可能存在多栋建筑物的情况,这些数据则是包含了它们全部的一个综合数据,而不是其中单个存在的独立建筑物[179-180]。针对这些数据特征,为了将所获数据材料信息最大化地运用于现有的建筑物破坏状态预测模型中,故做如下三个假设条件。其一,基于该地区的卫星地图[图 4-4(a)],可以发现假设每个块单位区域上有且仅有独栋建筑物时,建筑物分布情况基本与原始分布一致,即对最终的建筑物破坏状态预测将不会产生偏差。其二,考虑到通常对于单一用途的建筑物,税收数据中提供的房屋收税面积即为房屋建筑面积,对于综合用途的建筑物来说,所列出的税收面积则可能与建筑面积在数值上有一定的出入[179]。经统计,中心区域内的建筑物在现有的建筑物分类体系中相应的栋数和所占比例如表 4.5 所示。可以发现,对于 W1 类(民用建筑物)和 C1 类(商用建筑物)而言,均为单一用途,而 W2 分类下的建筑物则可能为民用、商用或民用商用混合的综合用途。在中心区域内的全部建筑物中，W2类别的建筑物的数量较少(17%)，并且在图 4-4(b)中，可以发现它们是较为零星地分布在研究区域中。故而，在数值模型计算过程当中，假设税收数据提供的收税面积即为建筑面积，此假设条件仅对 W2 建筑物内可能存在的综合用途建筑物产生影响，对其余建筑物均无影响。其三，计算过程中，将全部建筑物平面形状假设看做是正方形，以便于对建筑物迎水面宽度的计算。当然，在实际中，建筑物的平面形状是不固定的。而且，即使是在普遍为矩形形状建筑物的条件下，也有可能出现沿海岸方向为不同长短边长分布的情况。该假设带来的对建筑物破坏状态的敏感性影响将在 4.2.3.3 节进行分析，分析结果表明了该假设的可行性。

表 4.5　中心区域三种建筑物类别数量信息统计

建筑物类别	W1	W2	C1	总计
使用目的	民用	民用、商用、民用商用混合	商用	
数量（栋）	750	242	426	1 418
所占百分比（%）	52.90	17.06	30.04	100.00

本算例中，模型所运行的环境为 NVIDIA Tesla K80 GPU，模拟了地震海啸发生后 180 min 内，海啸从传播到淹没的整体事件过程。数值模型从导入数据到输出预测的全部水深、流速、压力以及建筑物破坏状态等数据，在纯水条件下使用 NVIDIA GTX 950 需耗时 91～108 min，使用 NVIDIA Tesla K80 模拟时长为 30～40 min。

4.2.3　模拟结果分析（"纯水"条件）

4.2.3.1　水力特征

模拟的海啸波在整个计算域内传播和淹没过程如图 4-5 所示，可以发现海啸淹没区域在 60 min(3 600 s)以后淹没城镇，之后的时间内淹没范围变化较小。图 4-6(a)展示了模拟的海啸事件过程中，测点 A、B 处的水位变化值的历时曲线。初始时间 $t=0$ min 为假想地震事件发生开始时刻，可以发现测点 A 处的水体在 $t=30$ min 到达最大水位峰值，该海啸波向陆地传播，约在 8 min 后到达测点 B 所在位置，此刻即为海啸波最大波高登陆时间。测点 B 处的水位历时曲线与测点 A 处的入流条件相符。相应的测点 A、B 处水流沿海啸波传播方向（x 轴正向）的流速历时曲线如图 4-6(b)所示。

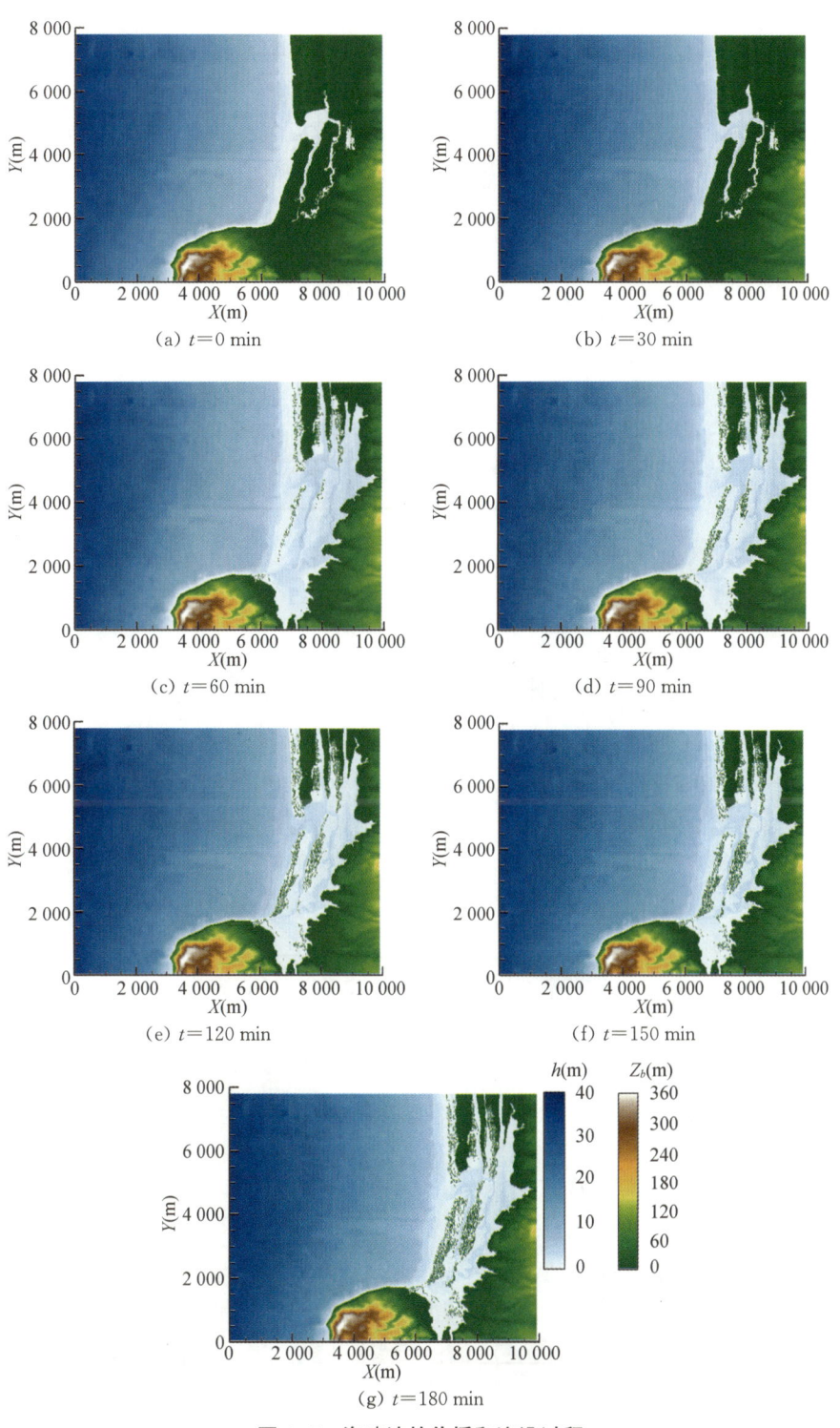

第四章 确定性建筑物破坏状态评估模型

(a) $t=0$ min

(b) $t=30$ min

(c) $t=60$ min

(d) $t=90$ min

(e) $t=120$ min

(f) $t=150$ min

(g) $t=180$ min

图 4-5 海啸波的传播和淹没过程

(a) 水位变化值历时曲线

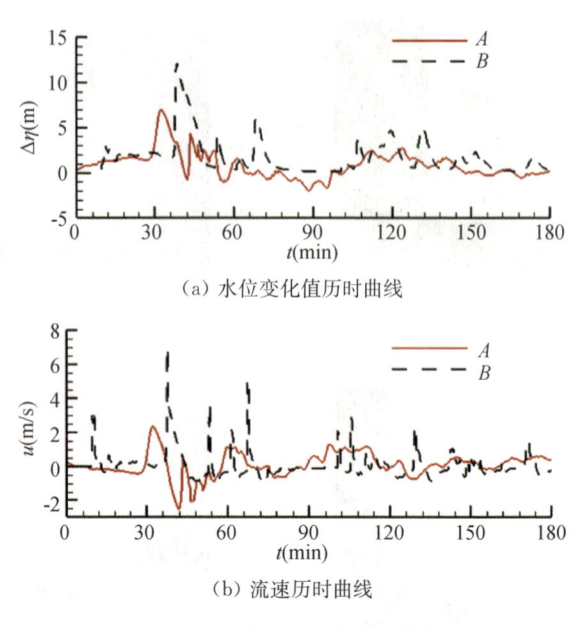

(b) 流速历时曲线

图 4-6　测点 A、B 处水力特征

在模拟整体事件后,每个计算网格内所经历的最大水深值 h_{max} 和最大水流动量值 $(hu^2)_{max}$ 均被模型记录下来,其在整个计算域内的空间变化状况如图 4-7(a)和(c)所示。图中,浅蓝色表示初始时的海洋与河流区域,与最终灾害评估无关。为了更细致地观测重点关注的 Seaside 中心区域,并对其中的建筑物破坏状态进行分析,图 4-7(b)和(d)为局部放大的 h_{max} 和 $(hu^2)_{max}$ 平面分布图。

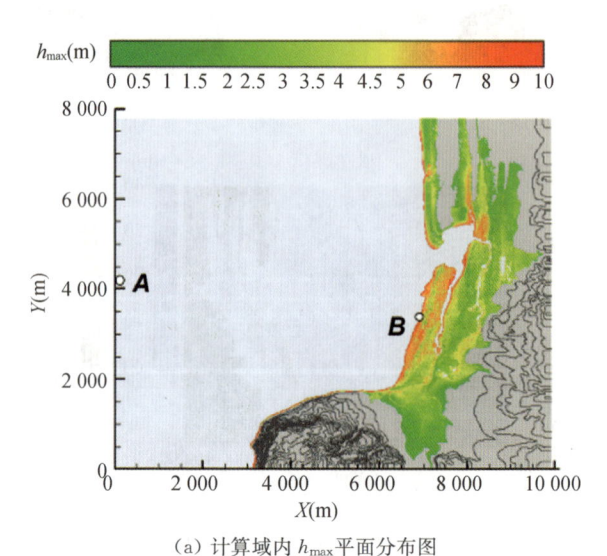

(a) 计算域内 h_{max} 平面分布图

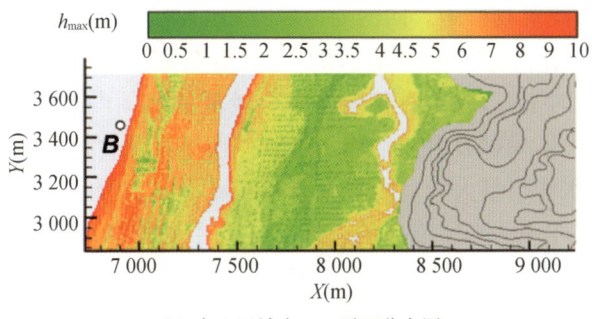

(b) 中心区域内 h_{max} 平面分布图

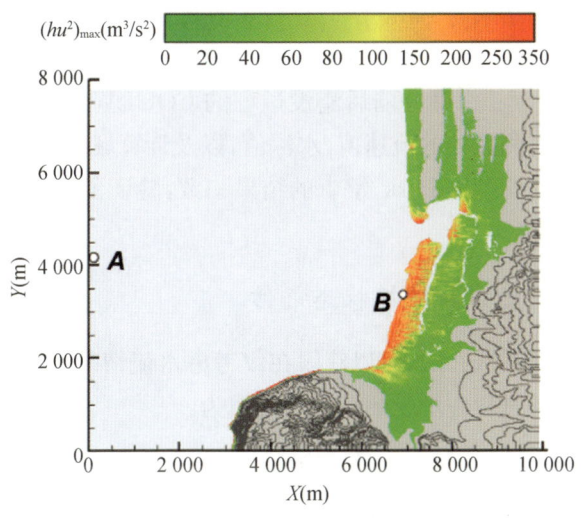

(c) 计算域内 $(hu^2)_{max}$ 平面分布图

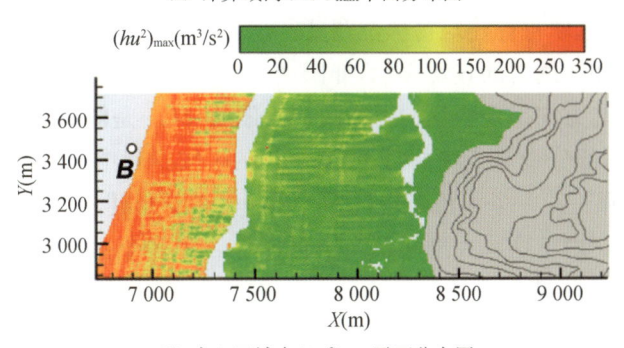

(d) 中心区域内 $(hu^2)_{max}$ 平面分布图

图 4-7 h_{max} 和 $(hu^2)_{max}$ 空间变化

通过以上平面分布图，可以发现 h_{max} 在海岸线上达到最大值（原海洋部分的水深不计入此分析过程），然后向内陆区域方向逐渐下降。对于中心区域的两条河流来说，均有东岸（右岸）的水深高于其西岸（左岸），这是原存储在河流中的水体造成的现象。$(hu^2)_{max}$ 同样在海岸线上出现了较大的数值，但是其最大值大致出现在沿海岸的建筑物群中。向内陆区域方向上,可以观测到$(hu^2)_{max}$在登陆后300 m左右的距离内仍然保持了较大的值,然后在到达第一条河流之后,从其东侧(右侧)数值瞬时下降,并一直稳定在一个较低的范围内继续向内陆延伸。从图4-7中可以发现,海啸在登陆后淹没过程中由于其蕴含极大的能量,具有极高的瞬态性,最大水深与最大动量的平面分布明显不同。因此,传统的以水深或水动量为建筑物破坏评估判断依据的方式会导致不同的结果,且从物理学角度上分析,对建筑物本身的动态响应缺乏考虑。

为了验证本研究构建的数值模型对这一场1 000年一遇海啸事件模拟结果的可信度,将所得的结果与Park等[91]进行了对比。Park等[91]使用了两种商业软件模拟了上述海啸事件,分别是用于模拟海啸产生于推演过程的ComMIT/MOST软件和用于模拟海啸登陆后淹没过程的COULWAVE软件。发现以上全部水力特征信息:测点处的流速值、水深值,以及计算域内的最大水深、最大水流动量值分布情况,均基本Park等[91]的结果一致,验证了本模型对实际尺度下海啸水灾害的模拟能力。

4.2.3.2 建筑物受力与破坏状态评估

依据式(2.26)与式(4.2),可以获得在仅考虑水流情况下,位于坐标为(i,j)的建筑物上,在海啸过程中承受的最大作用力为:

$$(F_{Tmax})_{i,j} = \text{MAX}((f_{Fluid})_{i,j}) \times B_{i,j} = f_{Fluidmax} \times B_{i,j} \tag{4.3}$$

其中,$B_{i,j}$为坐标为(i,j)的建筑物宽度。因此,为了排除建筑物宽度对其承受总力数值的影响,选取每栋建筑物单位宽度上承受的最大水流作用力$f_{Fluidmax}$作为海啸波对建筑物作用力的直观表示,如图4-8(a)所示。从图中可见,该力的数值从海岸向内陆方向呈现明显的下降趋势。图4-8(b)是图4-8(a)的局部放大图像,显示的为部分最靠近海岸线建筑物所在区域。其中,靠近海岸线的一个"U"形建筑和靠近第一条河流东岸(右岸)的一个"L"形建筑用黑色的实线勾勒出了大致轮廓。由于这些大型建筑物中可能包含了多个税收单位,因此可以发现在其现实轮廓中包含了多个存储$f_{Fluidmax}$的数据点。而其中某些个别点的颜色可能与同一建筑中的其他点不同,即表示了不同的受力数值,这种差异可能来自前文所述的对于单个税收块单位上有且仅有单栋建筑的假设,而此处的大型建筑则被模型认为是多个单独的建筑物所组成的建筑物群。

在图4-8(b)中,用黑色圆圈标记了2栋独立建筑物作为具体叙述模型中模拟过程的示例,分别标记为$H1, H2$。利用图4-1对应框架,按步骤计算可以得到结果如下:$H1$和$H2$上建筑物相关信息和预测的单位宽度上最大水流作用力(表4.6),以及引入的HAZUS-MH建筑物侧向承载力系统相应的设计承载力、屈服承载力、极限承载力、模型中利用该系统预测的建筑物破坏状态（表 4.7）。

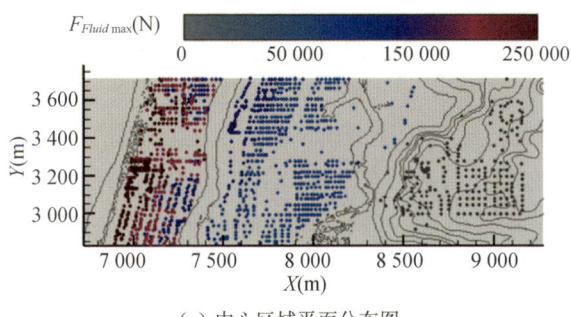

(a) 中心区域平面分布图

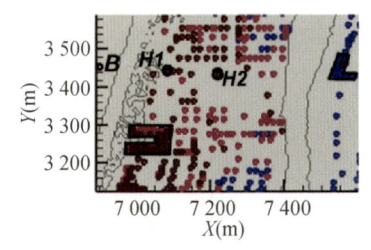

(b) 部分沿海建筑物所在区域局部放大图

图 4-8　单位宽度上最大水流作用力空间变化

表 4.6　示例建筑物 $H1$、$H2$ 相关信息与单位宽度最大水流作用力

示例建筑物	x(m)	y(m)	建筑物类别	楼层数	设计规范标准	Tax Lot 面积(m²)	$f_{Fluid max}$(N)
$H1$	7 084	3 443	W2	2	Moderate	4 645	326 671.99
$H2$	7 220	3 436	C1	6	High	907	275 619.41

表 4.7　示例建筑物 $H1$、$H2$ 侧向承载力系统的不同等级承载力与破坏状态

示例建筑物	设计承载力 $C_S W_i$(N)	屈服承载力 $\gamma C_S W_i$(N)	极限承载力 $\lambda \gamma C_S W_i$(N)	破坏状态
$H1$	4 170 861.63	6 256 292.44	15 640 731.09	完全破坏
$H2$	3 612 327.04	4 515 408.8	13 546 226.4	轻微破坏

遵循上述计算框架，可以得到计算域中所有建筑物在所模拟的 1 000 年一遇海啸事件中的破坏状态，其中，重点关注的中心区域建筑物破坏状态平面分布如图 4-9(a) 所示，图中使用了 5 个不同的颜色对 5 类破坏状态的建筑物进行了标记。图 4-9(b) 为包含了部分沿海岸线建筑物所在区域局部放大图，范围与图 4-8(b) 保持一致，包含 $H1$ 和 $H2$ 两个示例建筑物。显然，海啸对建筑物的破坏

作用从海洋向内陆方向递减。在海岸线和第一条河流之间的区域，建筑物破坏状态大部分为"完全破坏"这一等级。然而值得注意的是，在海岸线附近的"U"形建筑物在图中由绿色数据点标记，也就是处于"轻微破坏"等级。这是由于该建筑 RC 结构是在高标准的设计规范下建设的商业用途建筑物，因此，该建筑物的侧向承载力系统可以承受比周围建筑物更大的水流作用力。在平面分布图中还可以发现，分布在第一条河流东北侧（右上角一侧）的所有木结构建筑都处于"延展破坏"状态。而在第一条河流的东南侧（右下角一侧），建筑类型较为多样，所预测的建筑物破坏状态水平从"延展破坏"到"轻微破坏"不等。第二条河东岸（右侧），即较为内陆区域的建筑大多处于"无破坏"等级，这与图 4-7 所示的海啸淹没过程空间变化范围一致。

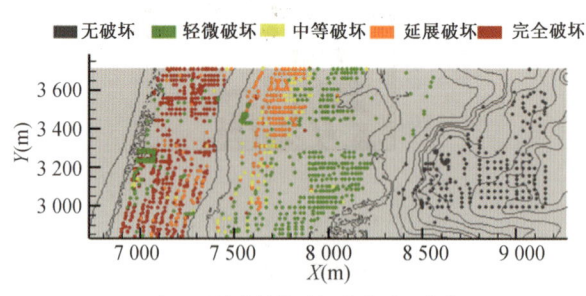

(a) 中心区域建筑物破坏状态平面分布图

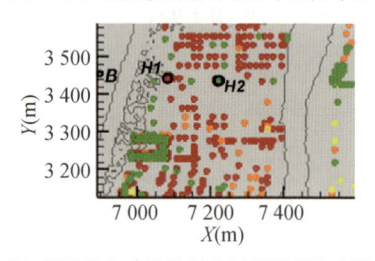

(b) 部分沿海建筑物所在区域局部放大图

图 4-9　预测建筑物破坏状态空间变化

Park 等[91]利用海啸事件的数值模拟结果，研究了该地区建筑物受损情况，分别使用了 S2013 模型和 FEMA 模型对建筑物破坏状态进行了预测。S2013 模型将最大水深作为建筑物脆弱性曲线的参考标准（IM），而 FEMA 模型则以最大水流动量值作为 IM，即有曲线上点横坐标为对应 IM 数值，纵坐标对应当最大水深或最大水流动量值超过其横坐标数值时，建筑物发生"完全破坏（Complete Damage）"的概率。Park 等[91]以此推算了 Seaside 中心区域建筑物的破坏概率分布图，将图 4-9 与之对比，发现本研究构建的模型和建筑物破坏评估预测框架下得到的建筑物的破坏状态平面分布情况具有很高的可信度。图 4-8 中显示为"完全破坏"状态的建筑物对应 Park 等[91]计算的"Complete

Damage"概率为 80%～100%,而其显示概率为 20%～60% 的建筑物在本模型中处于"延展破坏"至"轻微破坏"状态。需要关注的是,在图 4-8 中,位于第一条河流东岸(右岸)显示为"中等破坏"的建筑物,在 Park 等[91]计算结果里显示的"Complete Damage"概率为 0%～20%。总体而言,尽管两者所使用模型完全独立,且依据原理不同,但是两者预测的建筑物受灾情况趋势大体一致。

4.2.3.3 敏感性分析

在使用评估建筑物破坏状态模型框架时,与建筑物相关的参数取值和受力计算方法可能会对最终结果产生影响,给灾害评估预测带来不确定性。目前,参与计算的大多数模型参数的值通常为固定的,或通过计算直接获得,水动力数值模型中唯一需要人为进行预判的参数有:建筑面积、建筑物宽度和曼宁系数。其中,建筑面积可以通过收集高质量的建筑物相关数据获得准确值,故而此处不对其进行敏感性分析。而对于建筑物宽度和曼宁系数,在本节中利用现有模型对其在建筑物破坏状态评估中的敏感性进行了研究和讨论。

4.2.3.3.1 建筑物宽度敏感性分析

在相同的海啸淹没水流条件下,由于单宽水流作用力相同,则建筑物面向水流方向的宽度决定了该建筑物所承受的总海啸力的大小。为了验证和确认 5.1 节中所述的关于建筑物宽度的假设,故考虑了建筑物非正方形形状下的模拟情况,利用不同的建筑物宽度对建筑物破坏状态进行了预测。从重点关注的 Seaside 中心区域卫星图像,即图 4-4(a)中,发现大多数建筑物的形状为四边形,且由于该段海岸线较为顺直,建筑物大多保持与海岸线平行方向,故可将计算域中建筑物看做常规矩形。矩形长宽比的范围从 1∶1 到 4∶1 不等。因此,考虑长宽比为 4∶1 的建筑物,当建筑物长边平行于海岸线,直接面对海啸波作用时,为其受力最大、破坏状态最严重的情况。当已知有建筑物面积为 A 时,在这种情况下,建筑物迎水面宽度为 $4\sqrt{\dfrac{A}{4}}=2\sqrt{A}$,在原假设建筑物为正方形时,建筑物迎水面宽度为 $\sqrt{A}$。为了测量建筑物宽度的敏感性,图 4-10(a) 和 (b) 分别展示了当建筑宽度为 $1.5\sqrt{A}$ 和 $2\sqrt{A}$ 时,Seaside 中心区域建筑物破坏状态平面分布情况。显然,由于使用了较大的建筑物宽度,部分建筑物的破坏等级将会变得更高。原假设中,海岸线附近已标记为"完全破坏"的大多数建筑物破坏状态保持不变。第一条河流东北侧(右上角一侧)的部分建筑物的破坏状态变为"完全破坏",第二条河流西南侧(左下角一侧)的部分建筑物破坏状态从"轻微破坏"改为"中等破坏"。然而,通过图中对比而言,关注的中心区域内大部分建筑的破坏状态保持不变。因此,表 4.8 对模拟不同建筑物宽度获得的建筑物破坏状态评估结果进行了数据统计,对涉及的建筑物破坏状态改变情况进行了定量比较。在表中,"数量(栋)"一栏表示指定建筑物类别和破坏状态下的建筑物数量,"%"(百分比)一栏提供了对应破坏状态的建筑物数量占该类别全部建筑物总数的百分比。"Δ(%)"一栏则代表该建筑物宽度情况下,百分比数值与原假设条件下,相同定义的百分比的变化值。可以发现,在增加建筑物宽度后,一些建筑物从"轻微破坏"变为"中等破坏"或更严重的破坏等级,尤其是木质建筑物,这种情况更为明显。但是,可以发现全部的"Δ(%)"一栏数值均小于10%。

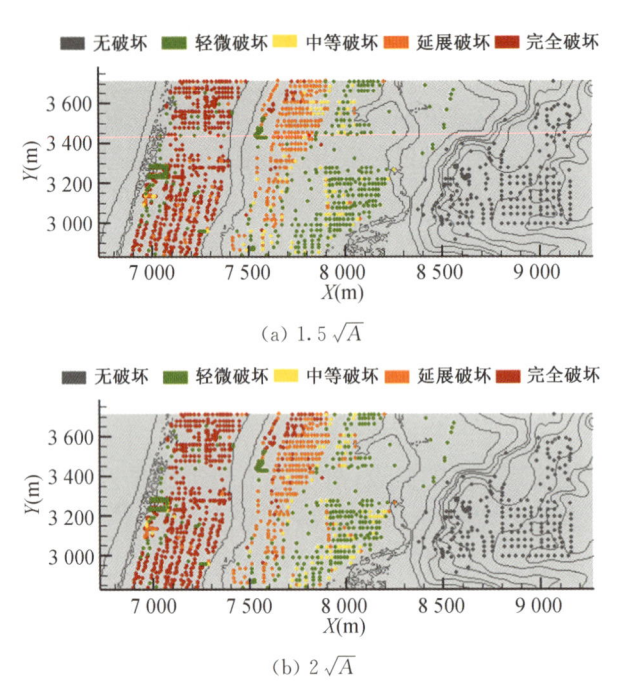

(a) $1.5\sqrt{A}$

(b) $2\sqrt{A}$

图 4-10 不同建筑物宽度条件中心区域建筑物破坏状态平面分布图

表 4.8 不同建筑物宽度条件中心区域建筑物破坏状态数量统计与定量比较

建筑物	破坏状态	$\sqrt{A}$ 数量(栋)	%	$1.5\sqrt{A}$ 数量(栋)	%	Δ(%)	$2\sqrt{A}$ 数量(栋)	%	Δ(%)
W1	完全破坏	242	32.27	267	35.60	3.33	307	40.93	8.66
	延展破坏	134	17.87	135	18.00	0.13	123	16.40	−1.47
	中等破坏	26	3.46	48	6.40	2.94	54	7.20	3.74
	轻微破坏	313	28.40	165	22.00	−6.40	131	17.47	−10.93
	无破坏	135	18.00	135	18.00	0.00	135	18.00	0.00

续表

建筑物	破坏状态	$\sqrt{A}$ 数量(栋)	%	$1.5\sqrt{A}$ 数量(栋)	%	$\Delta(\%)$	$2\sqrt{A}$ 数量(栋)	%	$\Delta(\%)$
W2	完全破坏	75	30.99	89	36.78	5.79	99	40.91	9.92
	延展破坏	33	13.64	35	14.46	0.82	35	14.46	0.82
	中等破坏	16	6.61	12	4.96	−1.65	6	2.48	−4.13
	轻微破坏	66	27.27	54	22.31	−4.96	50	20.66	−6.61
	无破坏	52	21.49	52	21.49	0.00	52	21.49	0.00
C1	完全破坏	123	28.87	140	32.86	3.99	152	35.68	6.81
	延展破坏	48	11.27	73	17.13	5.86	81	19.01	7.74
	中等破坏	42	9.86	25	5.87	−3.99	20	4.70	−5.16
	轻微破坏	186	43.66	161	37.80	−5.86	146	34.27	−9.39
	无破坏	27	6.34	27	6.34	0.00	27	6.34	0.00

总体来说，沿海建筑物在面对同样等级的海啸灾害事件时（单宽水流力固定），由于建筑物迎水面宽度和其所受到的水流总作用力线性相关，故总力数值随迎水面宽度的增加而增加。但是，由此带来的建筑物破坏状态等级的变化并不显著，也就是说该预测方法中，建筑物破坏等级的评估对宽度的取值不是高度敏感的，即认为相同面积建筑物，迎水面宽度改变导致的建筑物破坏状态等级变化是在可接受范围内的。

另外，在实际中建筑物迎水面可能并非与水流方向保持恰好的垂直关系，而是存在一定的角度。此时，计算建筑物受力的建筑宽度为实际宽度在垂直于水流方向上的投影长度，显然该值在数值上小于实际宽度。因此，目前的评估预测结果是偏于保守的，即在实际工程运用中更加有利于安全性。

4.2.3.3.2 曼宁系数敏感性分析

曼宁系数代表了计算域内底床摩擦应力的大小，通过底床摩擦力影响水流的流动，是本研究所构建的水动力数值模型模块中唯一需要确定的参数。目前已有众多学者对曼宁系数在浅水模型中的敏感性进行了深入的研究和分析[181]。在数值模型的实际运用过程中，复杂的地形条件会对计算域内曼宁系数的取值构成巨大的挑战，特别是关于城市区域的研究之中，土地使用和建筑物分布等均会对水流产生影响。因此，为了更好地探寻在本模型模拟实际尺度算例时，曼宁系数的取值对建筑物破坏状态的影响，选取了普遍建议的城市区域曼宁系数取值区间[0.02,0.04][89]的边界值进行模拟计算，图4-11(a)和(b)分别展示了当$n=0.02$和$n=0.04$时，Seaside中心区域建筑物破坏状态平面分布情况。

当曼宁系数取值较大时，往往代表着较大的底床摩擦力、更强烈的能量耗散过程，以及相较而言更缓慢的水流条件。如图4-11(a)所示，当$n=0.02$时，所模拟预测的建筑物破坏状态较$n=0.03$[图4-9(a)]时更为严重。与此同时，图4-11(b)中，当$n=0.04$时，建筑物破坏状态均变得偏于安全，这与曼宁系数背后代表的物理意义是相符合的。从图中可以发现，在不同曼宁系数条件下，建筑物破坏状态发生的改变较小。海岸线与第一条河流之间的建筑物破坏状态基本不变，即对曼宁系数不敏感。但是，对于位于两条河流之间的建筑物来说，建筑物破坏状态有跨破坏等级的改变，即对曼宁系数偏敏感。为了对建筑物破坏状态改变情况进行定量地比较，表4.9对在不同曼宁系数条件下获得的建筑物破坏状态评估结果进行了数据统计，其中所使用的符号含义与表4.8相同。从整体上来说，W1、W2类别的建筑物通常经历了更多、更大的建筑物破坏状态等级的变化，而C1类别的建筑物则保持其破坏状态等级不变。通过以上研究可总结出，较轻的建筑物（如木质结构建筑）对曼宁系数变化更为敏感，即对海啸过程中水流作用力的变化更为敏感。

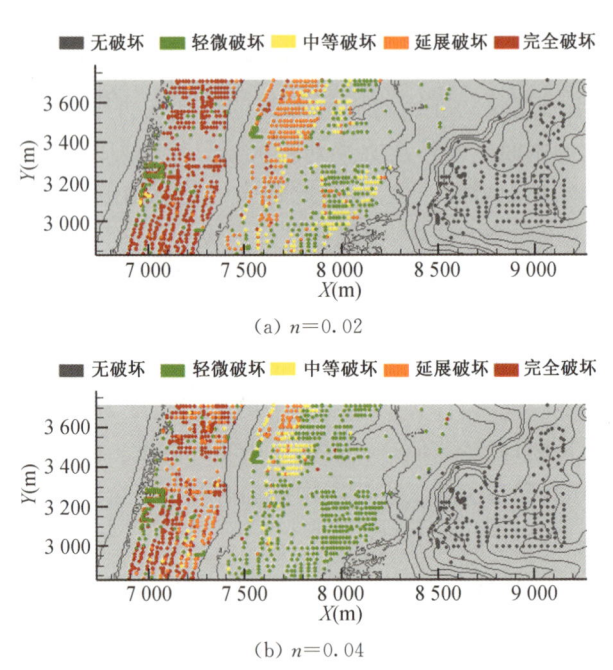

(a) $n=0.02$

(b) $n=0.04$

图 4-11　不同曼宁系数条件中心区域建筑物破坏状态平面分布图

表 4.9　不同曼宁系数条件中心区域建筑物破坏状态数量统计与定量比较

建筑物	破坏状态	$n=0.03$ 数量(栋)	%	$n=0.02$ 数量(栋)	%	Δ(%)	$n=0.04$ 数量(栋)	%	Δ(%)
W1	完全破坏	242	32.27	267	35.60	3.33	194	25.87	−6.40

续表

建筑物	破坏状态	n=0.03 数量(栋)	%	n=0.02 数量(栋)	%	Δ(%)	n=0.04 数量(栋)	%	Δ(%)
W1	延展破坏	134	17.87	151	20.13	2.26	103	13.73	−4.14
	中等破坏	26	3.46	84	11.20	7.74	64	8.53	5.07
	轻微破坏	313	28.40	113	15.07	−13.33	254	33.87	5.47
	无破坏	135	18.00	135	18.00	0.00	135	18.00	0.00
W2	完全破坏	75	30.99	88	36.36	5.37	58	23.97	−7.02
	延展破坏	33	13.64	39	16.12	2.48	30	12.40	−1.24
	中等破坏	16	6.61	15	6.20	−0.41	17	7.02	0.41
	轻微破坏	66	27.27	48	19.83	−7.44	85	35.12	7.85
	无破坏	52	21.49	52	21.49	0.00	52	21.49	0.00
C1	完全破坏	123	28.87	140	32.86	3.99	94	22.07	−6.80
	延展破坏	48	11.27	71	16.67	5.40	75	17.60	6.33
	中等破坏	42	9.86	27	6.34	−3.50	17	3.99	−5.87
	轻微破坏	186	43.66	161	37.79	−5.87	213	50.00	6.34
	无破坏	27	6.34	27	6.34	0.00	27	6.34	0.00

4.3 本章小结

本章基于建筑物承受的最大作用力，提出并建立了一种对极端水灾害引起的建筑物破坏状态进行确定性评估分析的方法。在本研究构建的水动力—多颗粒离散元双向耦合数值模型中，利用 HAZUS-MH 模型中的建筑物侧向承载力系数和承载能力曲线控制等级，结合物理学受力分析，将灾害中的水流作用力和建筑物的破坏状态直接且明确地联系在一起，创新地构建了一个完整的建筑物破坏状态预测分析模型。并且，该整体模型可以在城市规模的尺度上进行运用，对研究范围内的全部建筑物同时进行分析。

本章将这一整体模型应用于模拟美国俄勒冈州 Seaside 区域一场假想的强度为 1 000 年一遇的海啸事件，以及其淹没后的水流状况和对建筑物造成的破坏。模拟结果表明，最大水深 h_{max} 和最大流动动量 $(hu^2)_{max}$ 的空间分布与 Park 等[91]使用不同模型得到的结果吻合较好。本章所引入的确定性方法预测得到的建筑物破坏状态变化趋势也与 Park 等[91]使用概率性方法得到的可能发生完全破坏的概率变化趋势相符。此外,本章还使用数值模型进一步分析了建筑物破坏状态对建筑物宽度和曼宁系数这两个关键的模型参数的敏感性。结果表明,在同样的极端水力条件下,建筑物的破坏状态对合理范围内参数的选择均不是很敏感。尽管参数取不同值时,某些木质结构物的破坏状态可能会发生变化,但对于钢筋混凝土建筑物来说,破坏状态大多保持不变。

第五章

水流挟带漂浮物情况下建筑物破坏状态的评估

本章利用上一章构建的综合性建筑物破坏状态评估分析模型，对存在多种多个漂浮物的情况，极端水灾害中建筑物的破坏状态进行了研究。本章按照单一类别漂浮物和综合类别漂浮物设置了多个情景并一一进行模拟。与第四章中所模拟的条件保持一致，以美国俄勒冈 Seaside 地区内全部建筑物作为研究对象，对它们在一场强度为 1 000 年一遇海啸灾害中的破坏状态进行评估。并着重与"纯水"条件下的结果进行了对比，以量化不同类别漂浮物带来的破坏，显示水灾害研究领域内考虑漂浮物的必要性。

在本章内，不同初始位置和不同尺寸、不同数量的漂浮物算例，使用 NVIDIA GTX 950 进行模型计算时，需耗时 18～22 h，使用 NVIDIA Tesla K80 模拟时长则约为 5.5～7.5 h。

5.1 水流挟带漂浮物条件下建筑物破坏状态研究

5.1.1 单一类别漂浮物

在极端水灾害事件中，能量巨大的波浪登陆上岸后，一些原有独立存在的物体或结构物破坏后产生的碎片会被水流卷起冲走，形成漂浮物，与内陆的建筑物发生撞击，从而造成破坏。这种具有严重潜在威胁的物体可能是：原来存在于水域的船只、沿岸工程结构物、堆放在港口的集装箱、道路上的汽车、路边的行道树等。因此，本研究中选取车辆、树木/木质碎片、集装箱三类漂浮物进行了模拟研究。利用构建的数值模型进行模拟时，暂时只考虑固定因素的存在，仅关注原始地形和建筑物对水流以及漂浮物研究对象的影响。暂忽略城市内行人、交通设施、植被等非固定因素，即暂不考虑这些因素对所选取的漂浮物研究对象可能造成的如遮挡、阻拦、堵塞等作用。

5.1.1.1 车辆

在极端水力条件下，城市地区的车辆通常会失去阻力（地面摩擦力）被水流冲走，引起各种险情，造成人员伤亡或建筑物受损。考虑到模拟研究的 Seaside 地区是一个著名的海滨度假城市，故在重点关注的城镇中心区域道路上，结合 Google Earth 卫星图像，利用 C++编程语言中 rand 函数，采用随机生成坐标的方式"放置"车辆，将随机数据设置为其初始时刻所在位置。Google Earth 软件截图如图 5-1 所示，所依据的 Seaside 区域图像拍摄于 2018 年 10 月 13 日（图中红色矩形框所示），软件可以自动获取当地主要道路情况，如图中灰白色实线所示，另外，可观测到一处较大型的停车场，位于图中黄色矩形框的位置，为了更清楚地显示，在图中示意了其局部放大图。

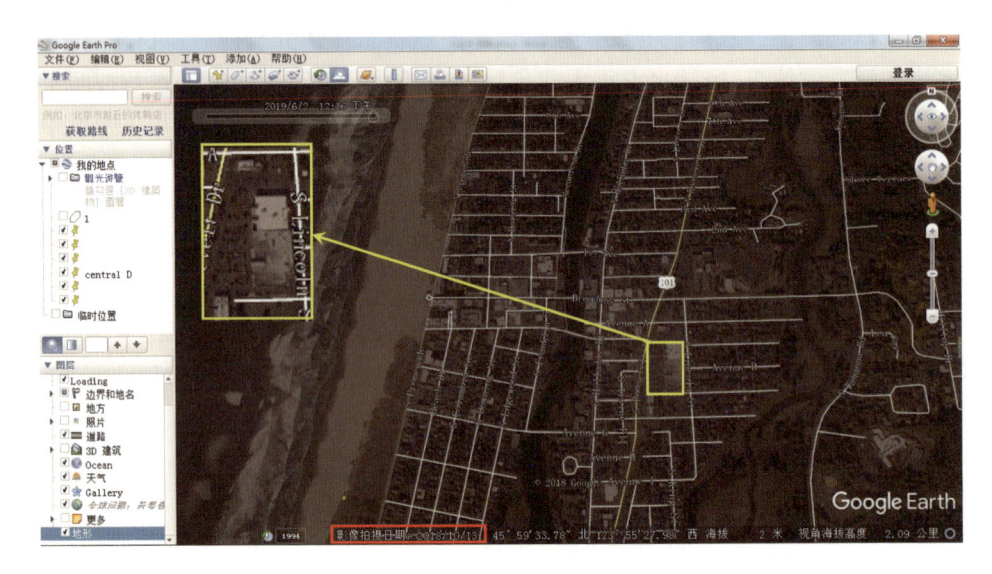

图 5-1　Google Earth 软件界面及 Seaside 中心区域道路示意图

模拟过程中，将最常见的小轿车设置为车辆漂浮物的原型，其尺寸普遍为：长度为 3.6～5.2 m，宽度为 1.5～2 m，高度为 1.3～2 m，重 1 300～2 200 kg[161,182]。故设每辆小轿车包含 3 个半径为 1 m 的单元颗粒，单元颗粒之间刚性链接，即模拟 1 个 4 m×2 m×2 m 的长方体结构，相关参数与 3.2.2 节保持相同，取 $k_n = 1×10^6$ N/m，$k_t = 1×10^6$ N/m，$c_n = 100$ N·s/m，$\mu = 0.02$，每一个车辆漂浮物设其质量为 1 800 kg，DEM 模型采用的计算时间步长为 10^{-5} s。

考虑到近海处的车辆受极端水流作用后，更易被挟带而造成较严重的破坏，因此，在海岸线与第一条河流之间，随机布置 20 辆小轿车，作为情景 1。考虑海啸来袭前，可能产生的人员撤退、车辆向内陆避难的情况，在第一条河流与第二条河流之间随机布置 10 辆小轿车，同时，在图 5-1 黄框所示停车场内，按照 5 行×2 列的形式，在 $x = 7\,840$ m，7 850 m 上，每间隔 10 m（$3\,088$ m≤y≤$3\,128$ m），布置 10 辆，共计 20 辆小轿车，作为情景 2。

在上述两种模拟情景条件下,依据模拟预测的漂浮物中心位置坐标数据进行绘制,图 5-2 和图 5-3 分别为模拟情景 1 和 2 中 $t=0$ s 时刻及海啸波登陆并淹没城镇中心区域时刻($t=2\,280$、$2\,400$、$2\,520$、$2\,640$、$2\,760$ s)漂浮物所在位置。其中黑色代表建筑物,靛色的圆点代表模拟的汽车漂浮物所在位置,其中圆点大小与模拟的漂浮物尺寸无关,仅作为突出显示其在中心区域位置的标记。

(a) $t=0$ s

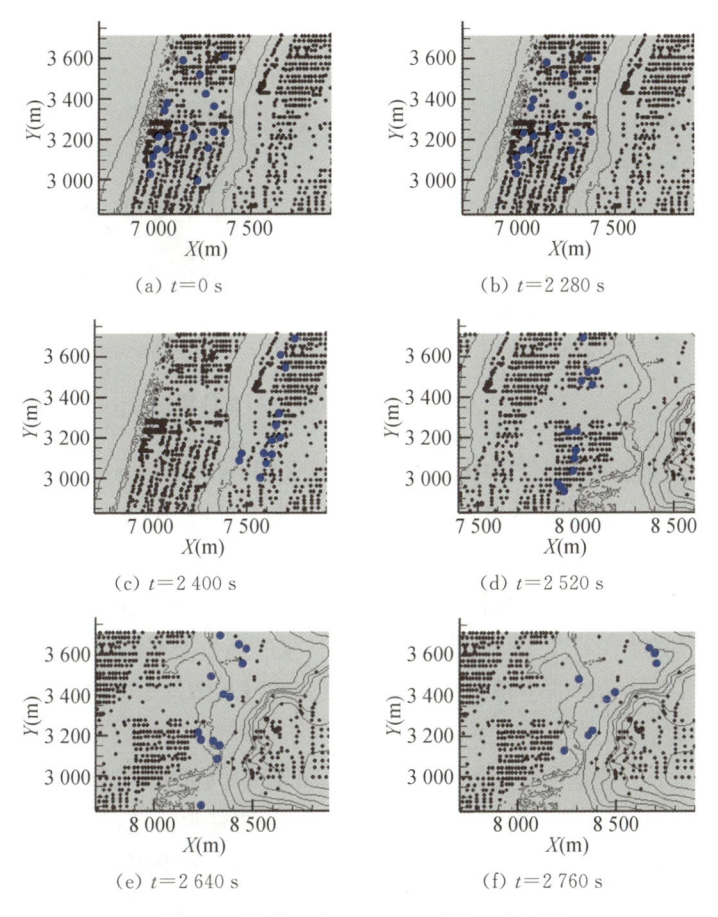

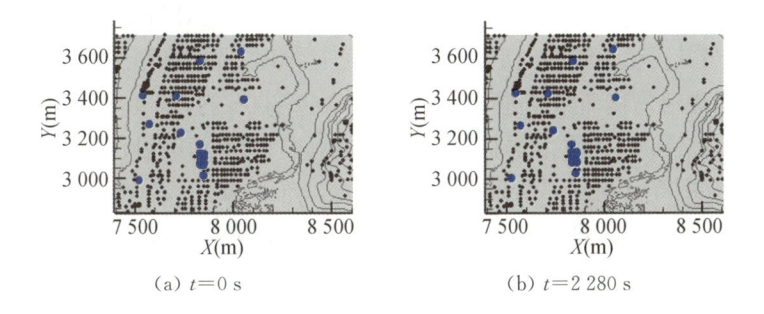

(b) $t=2\,280$ s

(c) $t=2\,400$ s

(d) $t=2\,520$ s

(e) $t=2\,640$ s

(f) $t=2\,760$ s

图 5-2　情景 1 海啸过程中小轿车位置图

(a) $t=0$ s

(b) $t=2\,280$ s

(c) $t=2\,400$ s (d) $t=2\,520$ s

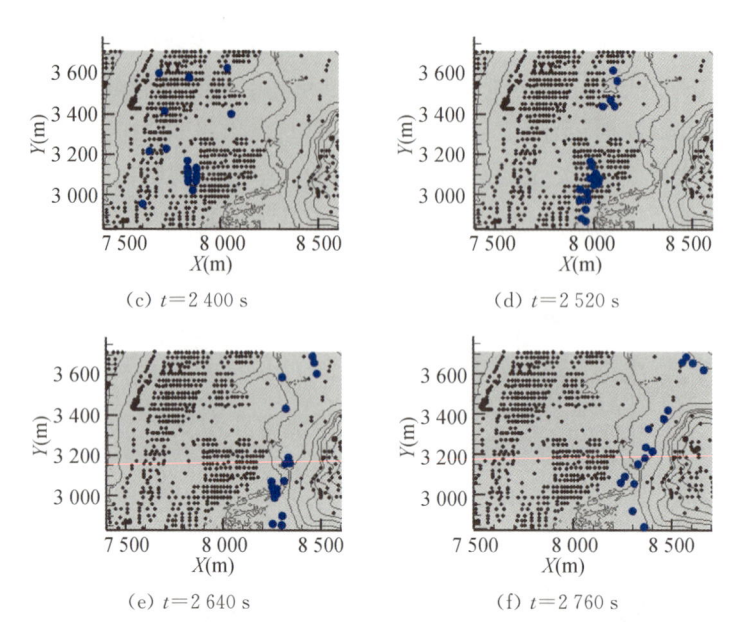

(e) $t=2\,640$ s (f) $t=2\,760$ s

图 5-3　情景 2 海啸过程中小轿车位置图

从图中可以发现，情景 1 中，海啸波在 $t=2\,280$ s 即 38 min 左右登陆，随即挟带沿海岸布置的小轿车向内陆运动。小轿车基本上都被海啸波推移渡过了第一条河流，对整个中心区域内的建筑物产生影响。在 $t=2\,760$ s，有小轿车被水流挟带至 $8\,400$ m$<x<8\,600$ m 内高程（z_b）为 5 m 的地方[参见图 4-4(b)中等高线标记]。情景 2 中，海啸波在 $t=2\,400$ s，即 40 min 左右渡过第一条河流，到达模拟的小轿车所在的位置，并开始影响小轿车。在小轿车启动阶段，情景 1 中 38～40 min 内小轿车的移动距离[图 5-2(b)、(c)]大于情景 2 中小轿车在 40～42 min 内的移动距离[图 5-3(c)、(d)]，这是由于情景 2 中，小轿车布置的位置更靠近内陆，海啸波在登陆后的淹没过程中已经损失了一部分能量，因此，随着水流流速减慢，海啸波对车辆漂浮物的挟带能力也逐渐弱化。值得一提的是，在这两种情景下，预测的汽车位置均有出现在该中心区域以外的地方的情况，即对应计算域内坐标 $y>3\,724$ m 或 $y<2\,828$ m 处。由于这些位置的汽车对中心区域建筑物不产生影响，故未在图中画出。但是，模型仍然保持计算全部模拟车辆的运动状态，以及它们对水流或建筑物的作用，当其再随水流回到重点关注的中心区域时，依旧在图中标出对应位置。

为了对漂浮物移动路径进行研究，在 $t=0$～$3\,600$ s 内，以 10 s 为间隔顺序获取不同时刻下漂浮物中心位置坐标，并进行绘制，即可得到海啸过程中小轿车途径位置分布图，如图 5-4 所示。情景 1 中预测的小轿车位置一般分布在中心区域的街道上，但是由于汽车体量较小，有穿过建筑物群的情况发生，如第一条河流东北侧（右上角一侧）以及西南侧（左下角一侧），扩散影响范围较大。情景 2 模拟的小轿车扩散范围略小于情景 1 的结果,在设置的停车场处及其后方(内陆方向)出现了较多圆点,说明此处有可能出现了车辆聚集的现象,或为存在单个或少量车辆漂浮物长时间在此处"徘徊",未随水流移动的现象。此外,相较于情景 1,情景 2 中模拟的小轿车更多地被水流集中推移第二条河流与 $z_b=5$ m 中间的位置,可以认为是海啸波淹没到在此处时,已经由于能量损失,不再具备挟带小轿车的条件。

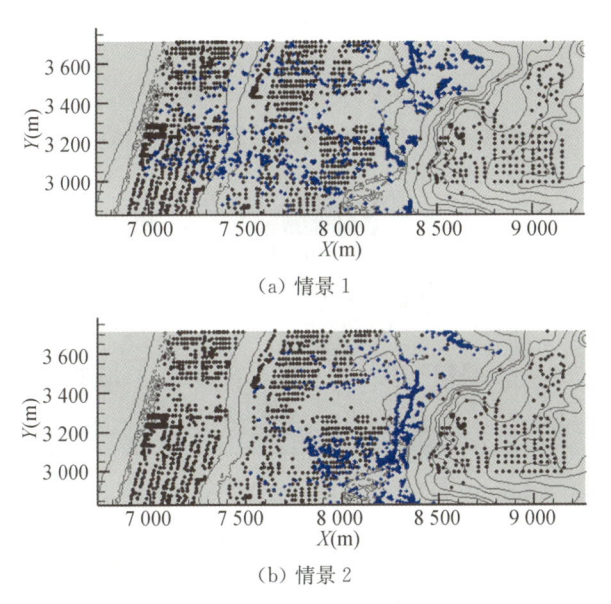

(a) 情景 1

(b) 情景 2

图 5-4 海啸过程中小轿车途径位置分布图

依据式(4.2)与(4.3),在考虑漂浮物情况下,数值模型内用于建筑物破坏状态判断的建筑物最大作用力 $F_{T\max}$ 计算公式为:

$$(F_{T\max})_{i,j} = f_{Fluid\max} \times B_{i,j} + \text{MAX}((F_{Debris})_{i,j}) \tag{5.1}$$

因此,为了将建筑物受力平面分布情况可视化,图 5-5(a)与图 5-6(a)分别展示了在模拟的情景 1 和 2 条件下中心区域每栋建筑物上所受的 $F_{T\max}$。海啸过程中该区域建筑物的破坏状态评估结果分别如图 5-5(b)和图 5-6(b)所示。

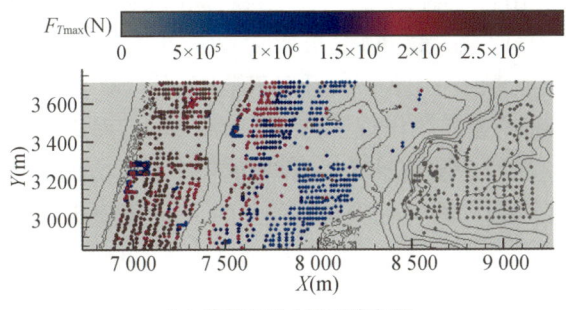

(a) 建筑物受力平面分布图

(b) 建筑物破坏状态平面分布图

图 5-5　情景 1 中中心区域建筑物受灾情况

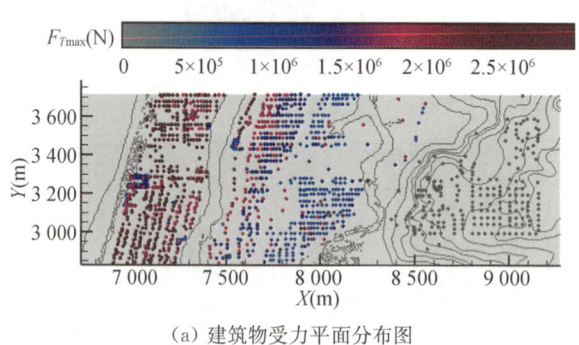

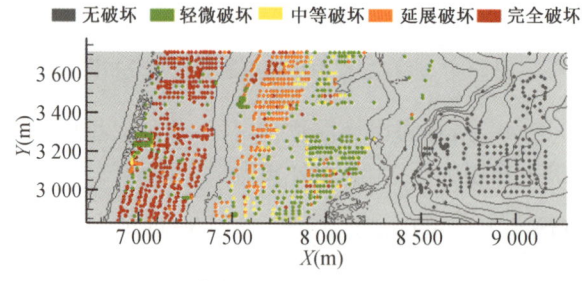

(a) 建筑物受力平面分布图

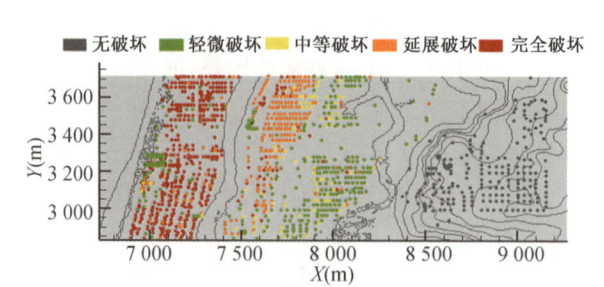

(b) 建筑物破坏状态平面分布图

图 5-6　情景 2 中中心区域建筑物受灾情况

从图中可以看出，建筑物上受力变化趋势和破坏状态分布情况与预测的漂浮物位置分布相符。在漂浮物聚集或穿越建筑物群的地方，周围房屋受力明显更大。特别是情景 1 中，第一条河流东岸(右岸)，即 $y \approx 3\,200$ m，$7\,600$ m$<x<7\,700$ m 的区域，有建筑物出现了"完全破坏"状态，而周围建筑物仅为"延展破坏"或"中等破坏"。以及，情景 2 中，模拟的停车场后方的建筑物，受力出现了显著的上升，出现了最严重的"完全破坏"状态，而周围建筑物大部分则为"轻微破坏"。

5.1.1.2 树木/木质碎片

海啸波登陆后,激烈的水流可能会冲断或者连根拔起行道树木,从而给结构物带来隐患。并且,在上一章中,已有的模拟结果表明,当海啸发生时,W1、W2类别的木质建筑物大多处于较为严重的破坏状态,这是由于木质结构本身自重较轻,侧向承载力偏弱,易受到破坏。当这些建筑物达到"完全破坏"状态时,结构本身已经无法保持原状,建筑物很有可能发生完全失稳、开裂、破碎,甚至坍塌等情况。这些由于原建筑物破坏而产生的木质碎片会随水流运动,成为新的漂浮物。

在 Ikeno 等[76]的相关物理模型试验中,使用了原木树干作为漂浮物进行研究。树干圆截面半径为 0.382~0.42 m,长度为 2 m,重量为 155~180 kg。本研究中,按此原木树干为原型,对树木或木质碎片类别的漂浮物进行模拟,使用 9 个半径为 0.2 m 的单元颗粒刚性链接进行拟合,相关参数与 3.3.1 节保持相同,取 $k_n = 6 \times 10^4$ N/m,$c_n = 87$ N·s/m,$k_t = 6 \times 10^4$ N/m,$\mu = 0.2$,每一个树木漂浮物设其质量为 160 kg,计算过程中时间步长设置为 10^{-5} s。结合道路条件、W1、W2 类别建筑物分布,在海岸线与第一条河流中间的南(2 900 m<y<3 200 m)北(3 450 m<y<3 650 m)两个建筑物群所在区域内"放置"20 个木质漂浮物。其中,北部区域内,设置有 10 个树干,初始位置由数值模型随机选取产生;而在南部区域内,则选取了木质建筑物群内的两条主干道,沿道路布置了 10 个树干漂浮物。假设所有树干的长边沿东西方向(平行于 x 轴)放置,作为模拟的情景 3 的初始条件。另假设所有树干的长边沿南北方向(平行于 y 轴)放置,作为情景 4 的初始条件。图 5-7 展示了情景 3 中,$t = 0$ s 时及海啸波登陆并淹没城镇中心区域的 $t = 2\ 280$、2 400、2 520、2 640、2 760 s 时,木质漂浮物所在位置。漂浮物位置用绿色圆点进行标记。从图中可以发现树干在 $t = 2\ 280$ s 开始受海啸波水流作用,在 $t = 2\ 400$ s 时已经被挟带至第一条河流,约半数的树干停滞在了第一条河流的西岸(左岸),余下的漂浮物随水流向内陆运动。而这一部分漂浮物在运动至第二条河流处时,同样发生了被河流"拦截"住的现象,如图 5-7(f)所示。

因此,按照图 5-4 的方式,对情景 3 和 4 条件下的木质漂浮物移动轨迹进行绘制,如图 5-8 所示。从图中可以发现,木质漂浮物运动过程符合图 5-7 所示的漂浮物位置标记,具有明显的运动特征。不管模拟的树干漂浮物初始角度与水流方向是相互平行还是垂直,均存在漂浮物被河流"拦截",不再向内陆方向前进的情况。并且,这些进入了河道的漂浮物并非停滞在原地,而是沿着河道漂流移动。这种运动轨迹特性可能是由于木质漂浮物密度较小,自重较轻,漂浮物与水面处于相对稳定的漂浮状态时,吃水深度较小,从而导致对水流表面流态很敏感。

(a) $t=0$ s

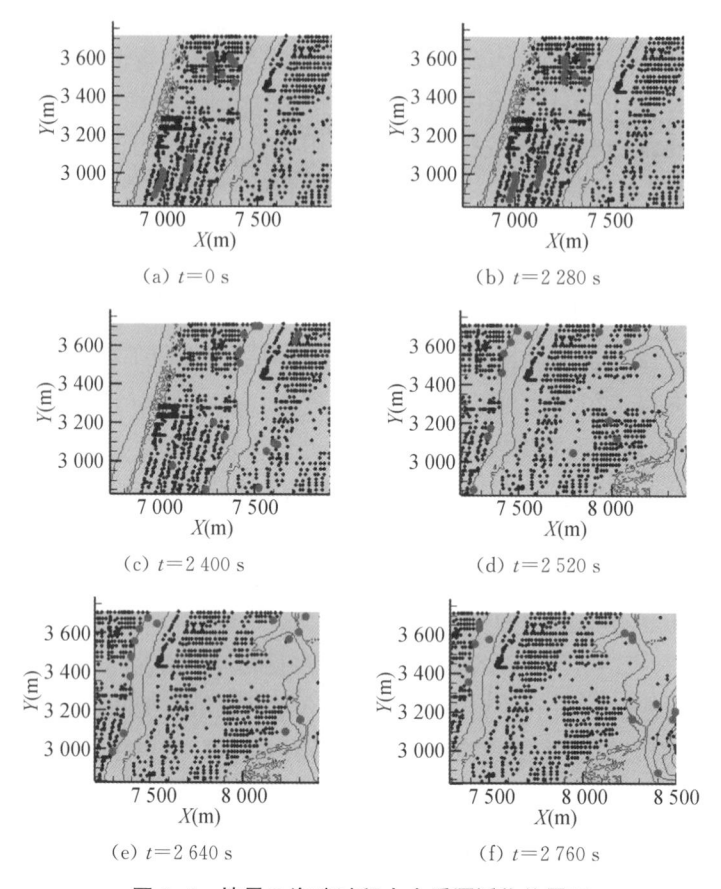

(b) $t=2\,280$ s

(c) $t=2\,400$ s

(d) $t=2\,520$ s

(e) $t=2\,640$ s

(f) $t=2\,760$ s

图 5-7 情景 3 海啸过程中木质漂浮物位置图

为了更好地研究木质漂浮物的运动特征，对于情景 3 条件下计算域内的流场形态进行了绘制，如图 5-9 所示。通过计算 $\sqrt{(u^2+v^2)}$，图 5-9(a)～(d)分别展示了在海啸发生后 $t=1\,800$ s，$2\,400$ s，$3\,000$ s 和 $3\,600$ s 时，中心区域及其周围的流场形态。其中，深蓝色实线表示流线，上面的箭头指向即为该条流线对应的方向。较粗的灰色实线则代表 $z_b=0$ m 的高程线，用以勾勒出海岸线与河流边界作为参考。

依据图 5-9(a)可以发现，在海啸波达到该中心区域之前，海水从一个位于计算域内北部(上部)的海口处自北向南(自上向下)流入内陆地区。当海啸来临时，由于地形原因，水体在进入较低洼的河道后，开始蓄水，水位迅速上涨达到河对岸高度后，海啸波继续向内陆传播。登陆后的水流向东北(右上)方向流动，如图 5-9(b)所示，在河道处有较周围更激烈的流态。一部分木质漂浮物在此时被河流"拦截"，并随河道继续运动，另一部分则继续被水流挟带向内陆运动。然后,如图 5-9(c)所示,海啸波继续前进淹没更多的内陆区域,其中,第一条河流内的水流约在 $y=3\,550$ m 处分界,北部的水流自南向北流,而南部的水流由北向南流动。这是由于对应该处水流来源的西南(左下)侧,即位于海岸与第一条河流之间 $3\,350\,\text{m}<y<3\,500\,\text{m}$ 的建筑物较为稀疏,水流可以更快地到达河道。水体遵循自然规律,向地形无障碍且水位更低的地方流动,此处的木质漂浮物也随水流沿河道向南北两侧蔓延,逐渐远离初始位置。这与图 5-8(a)中,两条河流之间 $3\,250\,\text{m}<y<3\,600\,\text{m}$ 区域内无漂浮物出现的情况相符。

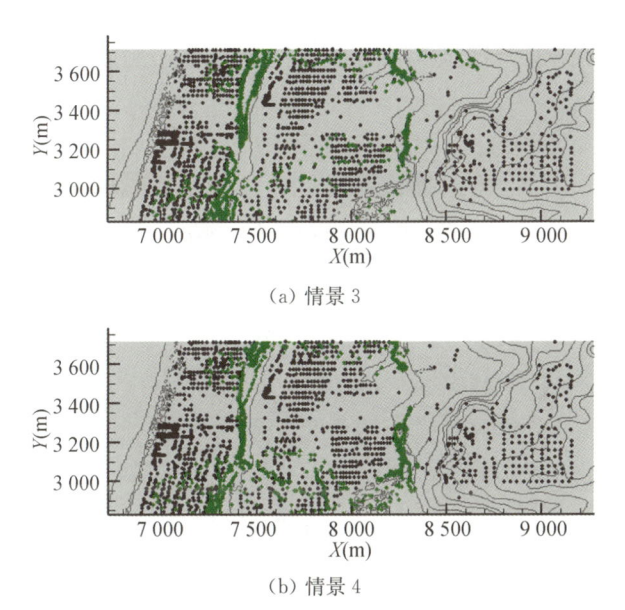

(a) 情景 3

(b) 情景 4

图 5-8 海啸过程中木质漂浮物途径位置分布图

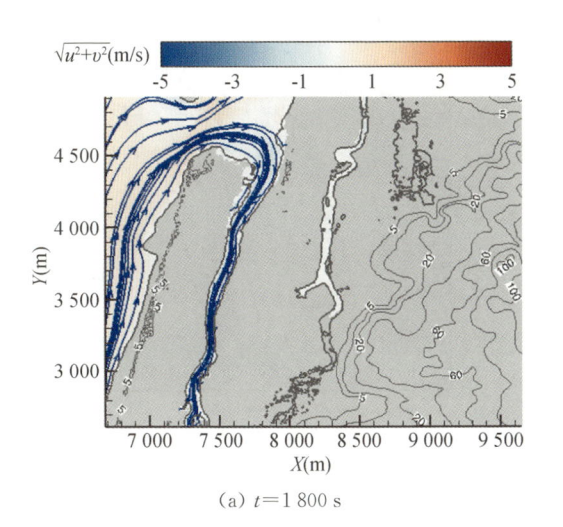

(a) $t=1\,800$ s

(b) $t=2\,400$ s

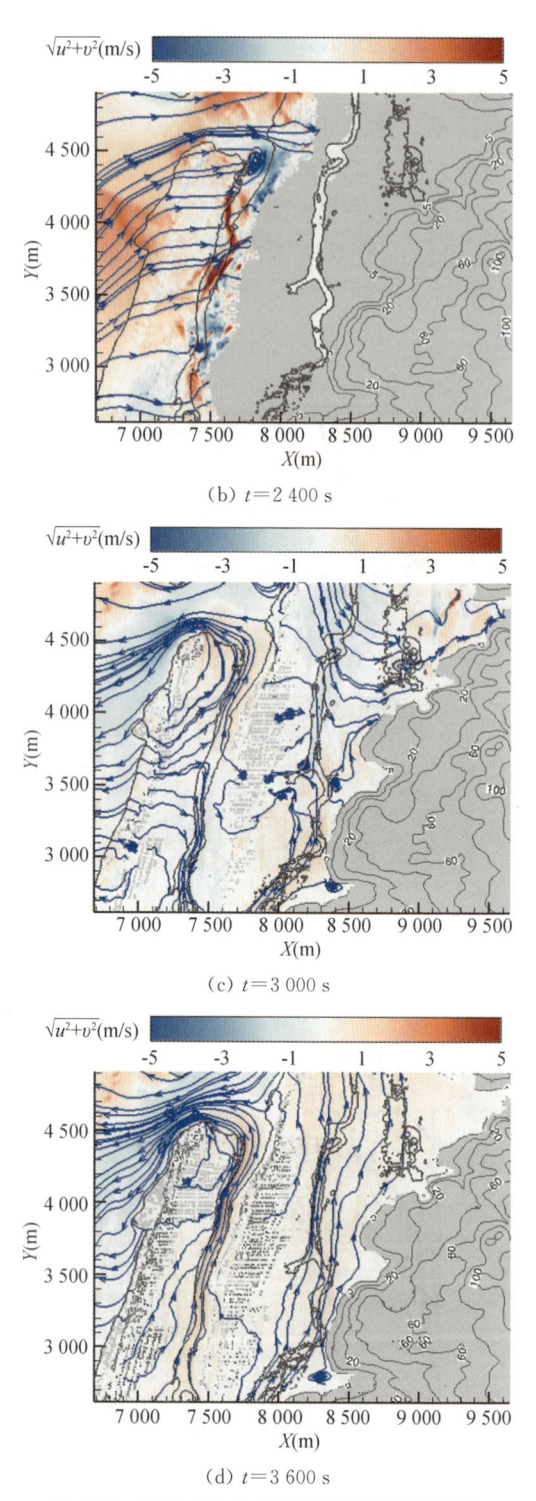

(c) $t=3\,000$ s

(d) $t=3\,600$ s

图 5-9 情景 3 中心区域及其周围流场形态

在情景 3 条件下,海啸过程中中心区域建筑物受力与对应的破坏状态评估结果如图 5-10 所示。结合模拟的漂浮物分布情况,可以发现在漂浮物初始位置周围的建筑物受漂浮物影响较小,受力情况与无漂浮物区域大致相似。对于两条河流之间的区域,漂浮物轨迹沿途建筑物受力情况明显较周围建筑物严重,这些受到撞击的建筑物显示为"完全破坏"或"延展破坏"状态,周围未出现漂浮物估计的建筑物则处于"轻微破坏"状态。通过图 4-4(b),可以发现被撞建筑物属于 W1 或 W2 类型,这也就意味着有极大的可能产生新的木质碎片,这无疑大大增加了灾害的严重程度。

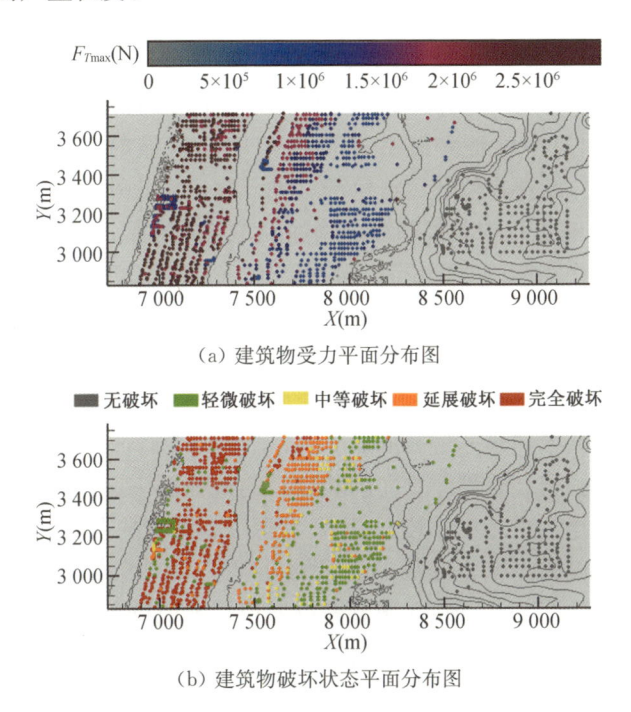

(a) 建筑物受力平面分布图

(b) 建筑物破坏状态平面分布图

图 5-10　情景 3 中中心区域建筑物受灾情况

5.1.1.3　集装箱

除了城市区域常见的汽车、树木等漂浮物,港口堆放的集装箱也是一种对沿海结构物造成巨大威胁的潜在漂浮物。在面临海啸来袭时,如果当地存在海运港口,这些大型集装箱被水流冲走后,一旦撞击到结构物,造成的破坏是无法弥补的。虽然 Seaside 地区没有建立大型港口,但是,为了研究被极端水流挟带的集装箱的运动过程与对沿海地区的破坏情况,本研究构建的数值模型对 26 个标准尺寸的集装箱(20 ft,6.1 m×2.4 m×2.6 m,2 300 kg)漂浮物进行了模拟,并按不同排列方式模拟了两种情景下,集装箱漂浮物对该中心区域建筑物的影响。

模拟过程中,使用5个半径为1.25 m的单元颗粒刚性链接成一列的形式,对该集装箱模型进行模拟,相关参数与3.3.2节保持相同,取 $k_n=4.36\times10^7$ N/m, $c_n=48.5$ kN·s/m, $k_t=2.3\times10^7$ N/m, $c_t=35.22$ kN·s/m, $\mu=0.2$。考虑到集装箱内可能有存储货物的情况,故参考Ko等[172]研究成果,设每一个集装箱模型的重量为其最大限重(24 000 kg)的26%,总质量为6 250 kg。计算过程中时间步长设置为 10^{-4} s。

情景5假设的集装箱沿海岸线放置,在中心区域临海处的6 600 m≤x≤7 100 m,2 230 m≤y≤3 900 m范围内,按照x方向每隔20 m放置一个模拟集装箱。情景6则用以模拟集装箱港口的情况,在中心区域西南角(左下角)海岸滩上,按集装箱长边平行于海岸线放置2排集装箱,中间以10 m为间隔,每排由13个集装箱组成。图5-11和图5-12分别展示了情景5和6条件下,集装箱漂浮物在$t=0$ s时刻及海啸波登陆并淹没城镇中心区域时刻($t=2$ 280、2 400、2 520 s)所在位置,漂浮物位置用红色圆点进行标记。此外,图5-13展示了情景5和6条件下,海啸过程中集装箱漂浮物途经位置分布情况。其中,黄色虚线所示即为集装箱漂浮物初始时刻位置,与图5-11(a)和图5-12(a)对应。图中圆点仅作为突出显示集装箱漂浮物在中心区域位置的标记,圆点尺寸与图内建筑物及地形尺寸无任何比例关系。

从图5-11和图5-12中可以发现,在$t=2$ 520 s时,集装箱漂浮物已经被水流挟带到了中心区域建筑群后方的8 000 m<x<8 500 m区域。相较于模拟的车辆、木质漂浮物,集装箱漂浮物向内陆运动的过程更快,扩散范围更广,这可能是由于集装箱漂浮物虽然尺寸较大,尽管考虑了有载货的存在,但对于单个集装箱漂浮物其密度仅为164.2 kg/m³,且沿海处建筑物较稀疏,故仍可以随水流扩散到内陆区域。如图5-13所示,不管是沿海岸线分散分布还是聚集在模拟港口的集装箱漂浮物,在海啸过程中都对整个中心区域内的全部建筑物产生了影

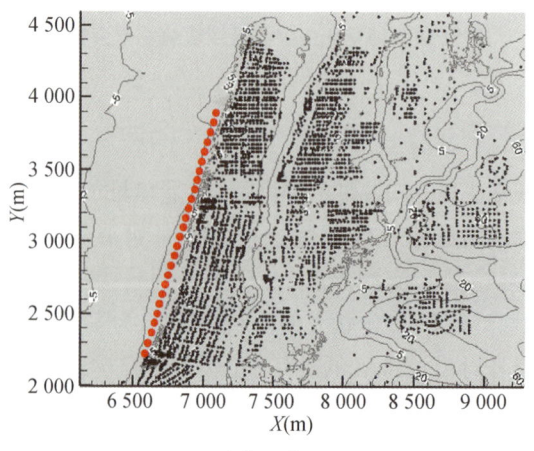

(a) $t=0$ s

(b) $t=2\,280$ s

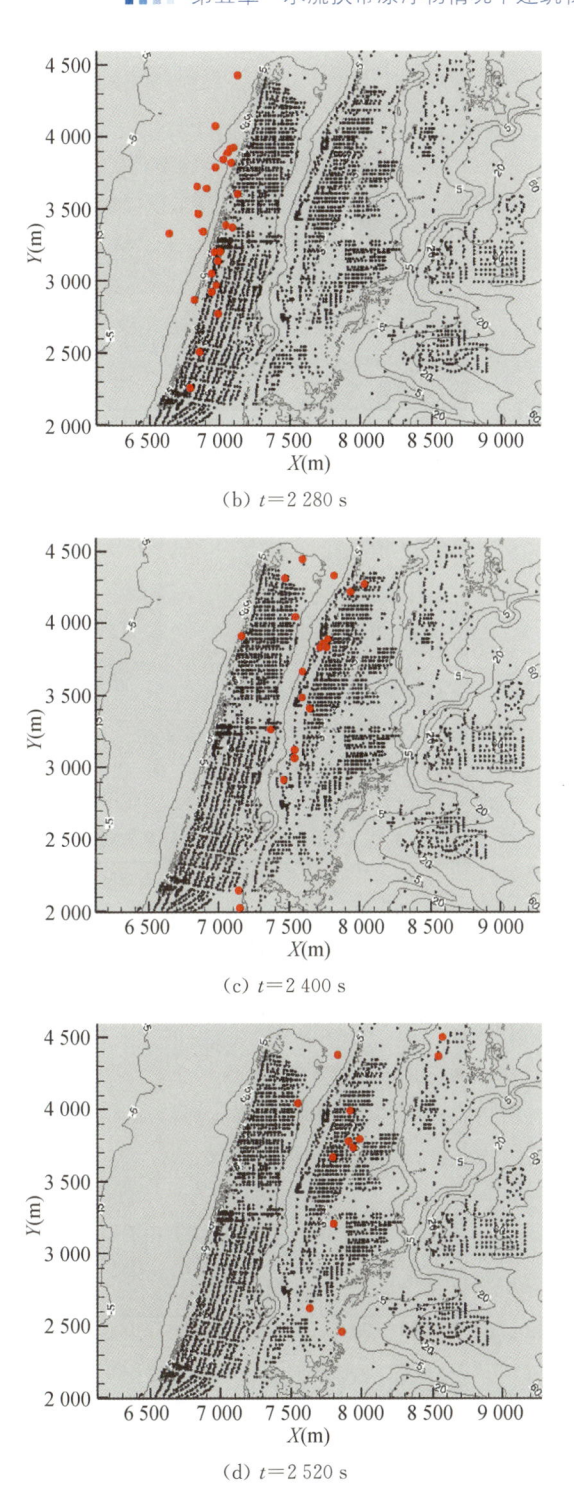

(c) $t=2\,400$ s

(d) $t=2\,520$ s

图 5-11 情景 5 海啸过程中集装箱位置图

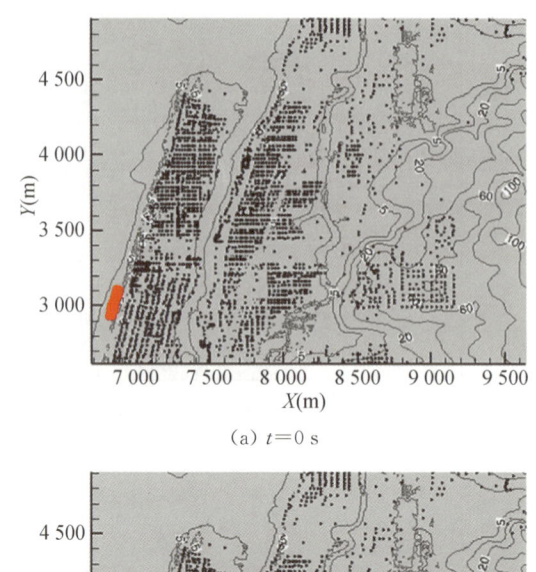

(a) $t=0$ s

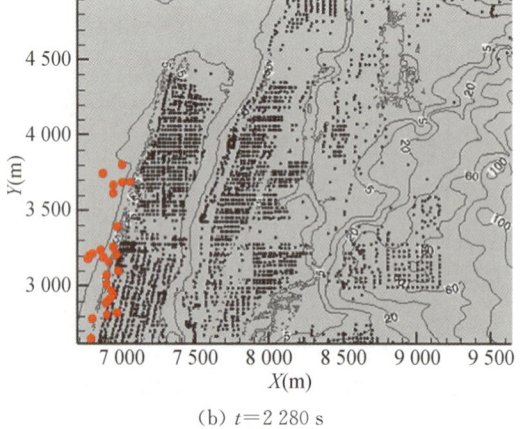

(b) $t=2\,280$ s

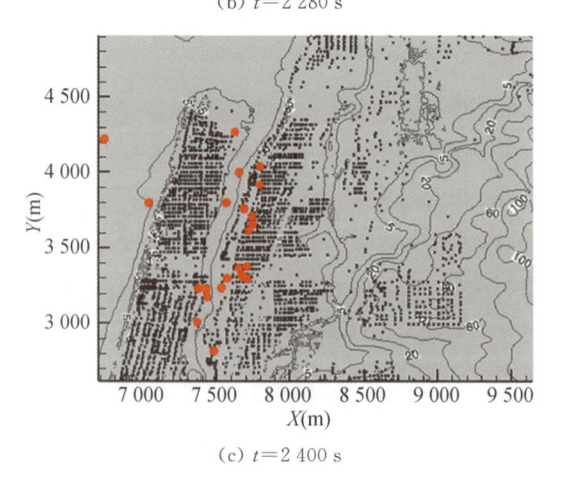

(c) $t=2\,400$ s

主要运动趋势与之相同,因此,初始位置被布置在偏北(上)海岸线的集装箱对中心区域的建筑物影响较小。此外,从图 5-11 至图 5-13 中均发现,在极端水流的作用下,集装箱除了从其初始位置向内陆运动以外,还有部分随水流流入海洋区域的情况。对应图 5-14 可以发现,这是由于海啸波来袭时,陆地对水流产生反射作用,在近岸区域形成了背离大陆的水流。布置在海岸上的集装箱极有可能由于受水流干扰或撞击上沿岸建筑物后,沿 x 轴反向运动,进入该自东向西(自右向左)流动的水流区域,遂继续被水流挟带,逐渐远离中心区域。

值得一提的是,对比图 5-9(d)和图 5-14,可以发现情景 5 条件下流场形态更为复杂,出现了更多的漩涡。这可能是由于集装箱漂浮物相较于木质漂浮物对流体的作用力更大,即对流场的反馈作用更加明显。

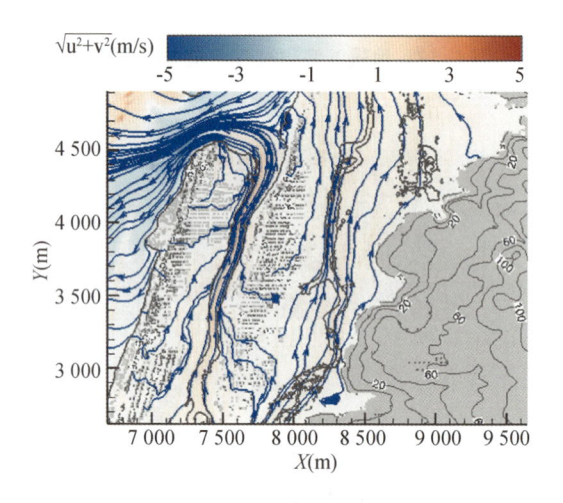

图 5-14　情景 5 中心区域及其周围 $t=3\,600\,s$ 流场

两种模拟情景下,建筑物受力情况与破坏状态评估结果如图 5-15 和图 5-16 所示。图中所示的建筑物受力情况、破坏状态与预测的漂浮物位置分布情况一致。情景 5 条件下,更多的位于北部(上部)的建筑物承受了较大的作用力,遭受的破坏等级也更为严重。对于两条河流之间北部的建筑物,可以看出漂浮物途经区域的建筑物受力明显高于周边建筑物,破坏状态明显比周边建筑物严重。情景 6 条件下,图 5-16 显示在大型漂浮物的影响下,中心区域内建筑物遭受的破坏十分严重,大部分建筑物都属于严重的"完全破坏"或"延展破坏"状态。甚至第二条河流西南侧(左下侧),即位于 $7\,950\,\text{m}<x<8\,220\,\text{m}$, $3\,075\,\text{m}<y<3\,250\,\text{m}$ 区域的建筑物也有发生"完全破坏"的情况,这与图 5-13(b)所示的漂浮物位置分布情况完全符合,可以认为是集装箱被水流挟带到该处,在建筑物群内发生多次碰撞,从而对附近全部建筑物产生影响。

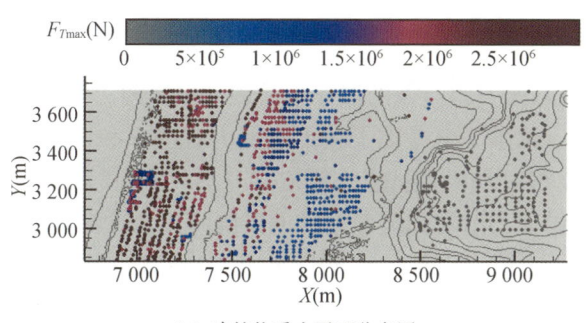

第五章　水流挟带漂浮物情况下建筑物破坏状态的评估

（a）建筑物受力平面分布图

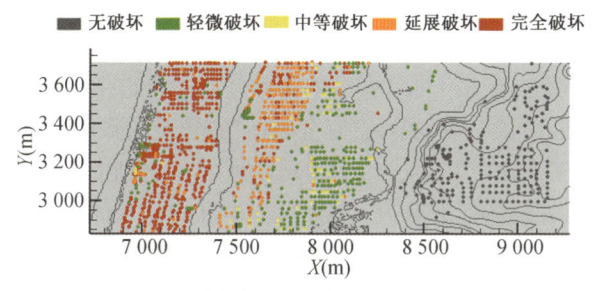

（b）建筑物破坏状态平面分布图

图 5-15　情景 5 中中心区域建筑物受灾情况

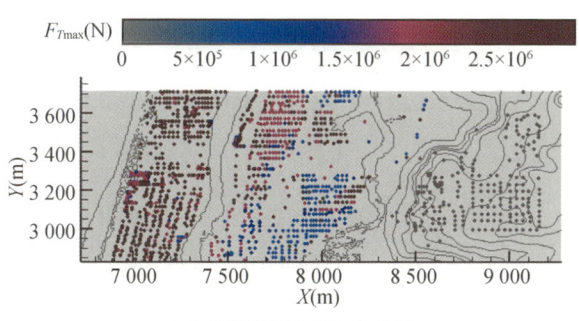

（a）建筑物受力平面分布图

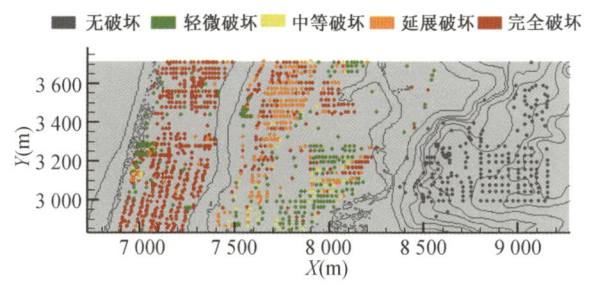

（b）建筑物破坏状态平面分布图

图 5-16　情景 6 中中心区域建筑物受灾情况

121

5.1.2 综合类别漂浮物

在现实情况中,水灾害涉及的漂浮物是多种多样的。因此,对漂浮物的类别应进行综合考虑。情景 7 中考虑了城市范围内有汽车和树木/木质碎片两种漂浮物的情况,在模拟过程中,设置 20 辆汽车与 20 个木质漂浮物,它们的参数设置与组成的颗粒单元与前文同类型漂浮物保持一致,即该情景中,共包含颗粒单元 $20×3+20×9=240$ 个,DEM 模型计算时间步长取 10^{-4} s。为了方便对比,两种类型的漂浮物的初始位置来源为情景 1 和 3 中的随机数据。

该模拟情景下,中心区域建筑物受力与相应的建筑物破坏状态分布情况如图 5-17 所示,由图中可以发现,由于漂浮物之间产生了相互作用的关系,建筑物受力情况与建筑物破坏状态并非是情景 1 和 3 的简单叠加。例如:在 $y≈3\ 200$ m,$7\ 600$ m$<x<7\ 700$ m 的区域,情景 1 中显示为"完全破坏"的建筑物降低为"延展破坏"。而与此同时,在 $y≈3\ 150$ m,$8\ 050$ m$<x<8\ 200$ m 的区域,原本在情景 1 和 3 中均显示"轻微破坏"的建筑物,在该条件下变为了"完全破坏"状态。总体来说,对比单一漂浮物情景中的结果,靠近海岸的建筑物大多仍然为"完全破坏"状态,两条河流中间区域的建筑物的破坏等级则显示上升了一个破坏状态,即原本为"轻微破坏"的建筑物显示遭受到了"中等破坏",一小部分原本为"中等破坏"的建筑物显示为"延展破坏"。因此,可以认为在多种漂浮物共同作用下,更多的建筑物受到了更严重的破坏。

(a) 建筑物受力平面分布图

(b) 建筑物破坏状态平面分布图

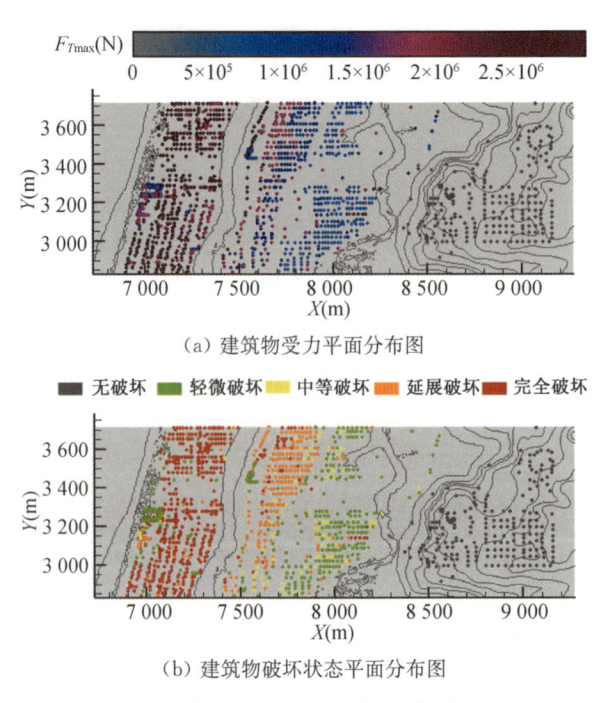

图 5-17 情景 7 中中心区域建筑物受灾情况

第五章　水流挟带漂浮物情况下建筑物破坏状态的评估

情景 8 中考虑了城市范围内有汽车和集装箱两种漂浮物的情况,在模拟过程中,设置 20 辆汽车与 26 个集装箱漂浮物,参数设置与组成的颗粒单元同样与前文同类型漂浮物保持一致。该情景中,共包含颗粒单元 $20\times3+26\times5=190$ 个,DEM 模型计算时间步长取 10^{-4} s。为了方便对比,两种类型的漂浮物的初始位置来源为情景 1 中的随机数据和情景 6 中对集装箱港口的假设。

该条件下,中心区域建筑物受力与相应的建筑物破坏状态分布情况如图 5-18 所示,由图中可以发现,在海岸与第一条河流之间的建筑物所受最大作用力极高,基本全部属于"完全破坏"状态。对比情景 1(图 5-5)与情景 6(图 5-16),发现该模拟条件下接近海岸线的建筑物的破坏状态与情景 6 结果相似,可以认为它们受集装箱影响较多。而两条河流之间的建筑物受力情况明显高于情景 1 的结果,但是略低于情景 6 的结果,比如第二条河流西侧(左侧)的建筑物,在情景 6 中显示"完全破坏",但是该模拟条件下则为更偏安全的"中等破坏"状态。值得注意的是 $y\approx3\,700$ m,$8\,000$ m$<x<8\,150$ m 的区域处的建筑物,在情景 1 和 6 中为"轻微破坏",而在该模拟条件下,全部属于"完全破坏"。另外,虽然第二条河流东北侧(右上侧)接近 $z_b=5$ m 等高线处只有零星的一些建筑物,但是,图中显示在该距离海岸线 $1\,500$ m 远的地方,有建筑遭受到了"完全破坏"。可以认为相较于单一漂浮物的情形,偏陆域内部的建筑物在多种漂浮物存在时,极有可能受灾害影响而产生严重破坏。

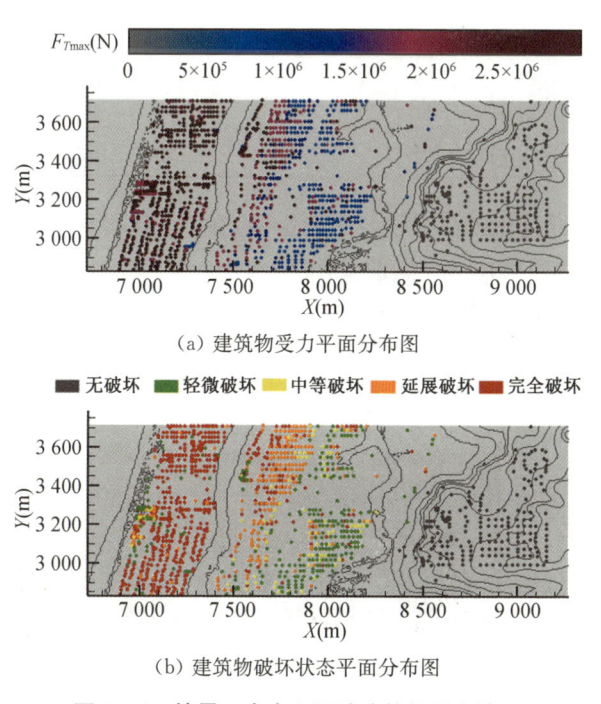

(a) 建筑物受力平面分布图

(b) 建筑物破坏状态平面分布图

图 5-18　情景 8 中中心区域建筑物受灾情况

5.2 纯水条件与考虑漂浮物条件模拟结果对比

通过以上模拟,对比上一章中"纯水"条件下 Seaside 中心区域在 1 000 年一遇的海啸时间中的建筑物破坏情况(图 4-9),可以发现:在增加考虑漂浮物条件下,建筑物不仅受到海啸波施加的水流作用力,还有可能遭受漂浮物的撞击。表 5.1 对中心区域全部 1 418 个建筑物,在"纯水"条件与考虑不同漂浮物条件的模拟情景下,不同破坏状态的数量进行了统计。数据表明,在考虑漂浮物时,属于"完全破坏"状态的建筑物数据显著增加,更多的建筑物受到更严重的破坏。特别是模拟漂浮物为集装箱的情景 6 条件,关注的中心地区建筑物遭受的破坏状态最为严重,"完全破坏"状态的建筑物数量为"纯水"条件下的 1.55 倍。其中,"无破坏"状态的建筑物除情景 1 均为 214 个,该数据对应各个"建筑物状态平面分布图"中灰色的建筑物,即水流未淹没地区的建筑物数量。

表 5.1 "纯水"条件与考虑不同漂浮物条件时不同破坏状态的建筑物数量统计

单位:栋

破坏状态	纯水条件	情景1	情景3	情景6	情景7	情景8
完全破坏	440	513	519	682	543	620
延展破坏	215	239	247	203	236	222
中等破坏	84	88	80	58	85	85
轻微破坏	465	363	358	261	340	277
无破坏	214	215	214	214	214	214

为了更好地定量比较漂浮物产生的影响,在中心区域内选取了 6 处建筑物,如图 5-19 所示,它们的坐标、类别及在"纯水"条件下和考虑不同漂浮物条件的模拟情景下,受力数值及破坏状态如表 5.2 至表 5.4 所示,其中标注灰色底色的单元格代表该模拟情景中发生了漂浮物撞击建筑物的情况。此外,表 5.5 将"纯水"条件下建筑物受力数值 $F_{Fluidmax}$ 作为一个基准,用模拟漂浮物情景下获得的

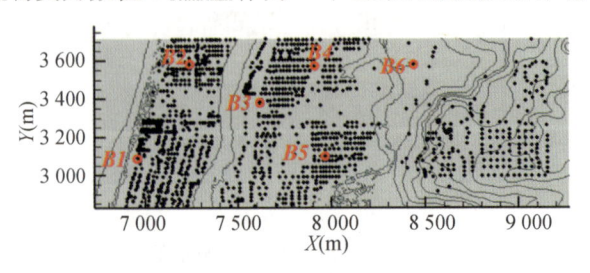

图 5-19 示例建筑物位置示意图

受力数值与之相除,得到了不同模拟情景下,建筑物单位宽度上受力数值的变化情况。

表 5.2 示例建筑物相关信息与在"纯水"条件下受力情况及破坏状态

示例建筑物	x(m)	y(m)	建筑物类别	"纯水"条件 $F_{T\max}$(N)	破坏状态
B1	6 956	3 092	C1	892 870	轻微破坏
B2	7 228	3 556	W2	4 172 607	完全破坏
B3	7 620	3 380	C1	1 191 417	延展破坏
B4	7 908	3 572	W1	439 811	中等破坏
B5	8 220	3 220	W2	317 972	轻微破坏
B6	8 436	3 580	W1	2 358 998	轻微破坏

表 5.3 示例建筑物在单一漂浮物条件下受力情况及破坏状态

示例建筑物	车辆漂浮物(情景 1) $F_{T\max}$(N)	破坏状态	木质漂浮物(情景 3) $F_{T\max}$(N)	破坏状态	集装箱漂浮物(情景 6) $F_{T\max}$(N)	破坏状态
B1	909 068	延展破坏	910 040	延展破坏	285 660 966	完全破坏
B2	4 204 344	完全破坏	4 199 576	完全破坏	3 668 941	完全破坏
B3	1 070 897	延展破坏	1 241 096	延展破坏	1 595 012	完全破坏
B4	379 185	中等破坏	419 182	延展破坏	3 552 991	完全破坏
B5	314 383	中等破坏	327 629	中等破坏	18 027 371	完全破坏
B6	2 654 432	轻微破坏	2 382 010	轻微破坏	41 514 878	完全破坏

表 5.4 示例建筑物在综合种类漂浮物条件下受力情况及破坏状态

示例建筑物	综合种类漂浮物(情景 7) $F_{T\max}$(N)	破坏状态	综合种类漂浮物(情景 8) $F_{T\max}$(N)	破坏状态
B1	908 429	延展破坏	866 352	轻微破坏
B2	4 214 680	完全破坏	3 639 521	完全破坏
B3	1 393 698	完全破坏	1 538 019	完全破坏
B4	956 526	延展破坏	706 910	延展破坏
B5	357 955	中等破坏	468 113	延展破坏
B6	3 764 447	轻微破坏	228 780 795	完全破坏

综合对比全部条件下的最大作用力数据可以发现,在有漂浮物的情况下,建筑物受力情况总体上呈增大趋势。当建筑物未遭受漂浮物撞击时,所受总作用力数值为"纯水"条件下计算的 $F_{Fluidmax}$ 数值的 0.85~1.15 倍,即考虑漂浮物情况下,水流作用力变化浮动区间为 $F_{Fluidmax}$ 的 15%,这反映了漂浮物对海啸事件中水流流态的确产生了不可忽视的作用。而当建筑物遭受漂浮物撞击时,建筑物的受力数值显著上升,数值为 $F_{Fluidmax}$ 的一倍多到百倍不等。例如,在模拟车辆或木质碎片较小型漂浮物的情景 7 条件下,B3、B4、B5 和 B6 建筑物受力数值均为它们在"纯水"条件时 $F_{Fluidmax}$ 的 2 倍左右。在模拟大型集装箱漂浮物的情景 6 条件下,B4、B5 和 B6 建筑物受力数值均为它们在"纯水"条件时所受 $F_{Fluidmax}$ 的几倍到几十倍,而 B1 建筑物的激增倍数更是高达 319 倍,该数据也是示例建筑物在全部模拟情景中最大的激增倍数,这可能是由于 B1 建筑物位于海岸线附近,且靠近情景 6 条件中集装箱漂浮物初始位置。刚刚登陆的海啸波具有极高的能量和速度,这样的极端水流挟带着高刚度系数、高黏性阻尼系数的集装箱漂浮物撞在 B1 建筑物上,从而产生了极高的撞击力。可以发现,表 5.5 所得数据基本与前文 3.3.3 节在实验室环境下所得结论相符。因此,进一步说明一般情况下漂浮物的撞击将导致建筑物承受破坏力的上升,而集装箱这类的大型漂浮物的撞击力远远大于车辆或木质漂浮物。

表 5.5　漂浮物条件下示例建筑物受力数值定量比较($/F_{Fluidmax}$)

示例建筑物	情景 1	情景 3	情景 6	情景 7	情景 8
B1	1.02	1.02	319.94	1.02	0.97
B2	1.01	1.01	0.88	1.01	0.87
B3	0.90	1.04	1.34	1.17	1.29
B4	0.86	0.95	8.08	2.17	1.61
B5	0.99	1.03	56.69	1.13	1.47
B6	1.13	1.01	17.60	1.60	96.98

从表格中显示的示例建筑物破坏状态等级可以发现,对于在"纯水"条件下已属于最严重的"完全破坏"状态的 B2 建筑物来说,在增加考虑漂浮物后,不同模拟情景中依旧是遭受到了"完全破坏",未有破坏状态减轻的情况发生。对于坐落在沿海岸线的 B1 建筑物和位于第一条河流东岸(右岸)的 B3 建筑物,虽然本身都是较为安全的钢混结构(C1 类别),即具有较高的侧向承载能力,但是在增加考虑漂浮物后,它们一旦遭受漂浮物撞击,破坏状态均变为了"完全破坏"。此外,B6 建筑物坐落在离海岸较远的位置,在纯水条件下仅遭受了"轻微破坏",但是,在增加考虑漂浮物后,破坏状态也有出现"完全破坏"的情况。这表明漂浮

物的撞击力对建筑物的影响是尤为巨大的，且一旦发生大型漂浮物对建筑物的撞击事件，被撞建筑物将承受毁灭性的破坏。

5.3 本章小结

本章利用构建的水动力—多颗粒离散元双向耦合数值模型，对考虑漂浮物条件下，发生在实际沿海区域 Seaside 的一场假想海啸进行了模拟，并且对计算域中的全部建筑物进行了受力计算，对破坏状态进行了评估分析。考虑了车辆、树木/木质碎片、集装箱三种常见的漂浮物，按照单一类别和综合类别漂浮物存在的情况，共模拟了 8 种情景下 Seaside 地区的建筑物受力情况和破坏状态。其中，还结合 Seaside 地区地理特征，随机生成了漂浮物初始时刻的坐标数据，使得模拟结果更加贴近实际。

对本章模拟的 8 种情景下建筑物破坏状态进行分析，发现漂浮物的存在会加强流场的紊乱，从而导致更多的建筑物受到更强的作用力，产生更严重的破坏。当较大型的漂浮物在遭受越大的水流作用力时，漂浮物本身对流场的干扰也越大。通过对比发现，存在漂浮物条件下，建筑物承受的最大水流作用力相较于原"纯水"条件下最大水流作用力，其变化范围是"纯水"条件下的 15%。此外，漂浮物的类别、尺寸、材质上的不同，都会对其运动规律和撞击力造成区别。通常来说，尺寸较大、刚度较强的漂浮物与建筑物发生撞击，建筑物受到的撞击力将远远高于尺寸较小、刚度较弱的漂浮物。模拟情景中，木质漂浮物给建筑物造成的撞击力是原"纯水"条件下水流力的 3 倍左右，而集装箱漂浮物给建筑物造成的撞击力高达原"纯水"条件下水流力的 300 倍左右。可以发现，当水流作用力由于漂浮物的存在而较"纯水"条件下发生小幅度浮动时，是否遭受到漂浮物的撞击决定了建筑物最终破坏的状态与程度。

对比相同类别漂浮物的预测位置分布图还可以发现，不同的初始位置条件，漂浮物在城市中心区域的运动轨迹并不相同。在极端水力灾害事件中，漂浮物的初始位置对于其运动过程、在建筑物区域的扩散情况、以及最终停留区域均产生了明显的影响。因此，在海啸频发地区，本研究构建的数值模型可以综合考虑当地地形特征和已有基础设施，如港口、码头、海上平台等，利用对漂浮物运动过程的模拟能力，为城市规划与建筑布局提供新的设计思路，尽量规避漂浮物有可能侵袭的区域，从而降低极端事件中造成的财产损失或人员伤亡。

第六章

结论与展望

6.1 主要结论

针对极端水灾害下,流体挟带漂浮物撞击沿岸建筑物引发难以预计的巨大破坏的问题,本书基于水动力数值模型与离散元模型,结合力学分析与结构物响应模块,研究了极端水力条件下流体—结构物—漂浮物相互作用关系,以及建筑物破坏状态评估方式。综合前述各章节,结论如下:

(1) 本书在二维浅水方程为基础的水动力学数值模型上,结合可用于固体模拟的离散元模型,构建了一个双向动态耦合的水动力-多颗粒离散元数值模型。经与物理模型试验、解析解、实测数据等比较,验证了该模型模拟海啸、风暴潮或突发性洪水引起的高动能流体携带大量漂浮物并与岸上结构物之间相互作用这一复杂物理过程的能力。

(2) 利用所构建的双向耦合数值模型对多种复杂情况进行了模拟,包含极端水灾害下的水流传播过程变化、浪流与地形相互作用、干湿床变化、漂浮物随复杂水流运动、漂浮物撞击结构物等。模型可以全自动地模拟、捕捉流体与固体相互作用过程,完全利用水流的水力特征值来捕捉计算流体对漂浮物的作用力,突破了依靠人为选定参数计算水流力的局限。模型对于极端水流条件下漂浮物对结构物的撞击力模拟的误差小于 10%。

(3) 本书基于建筑物侧向承载力系统,对极端水灾害导致的建筑物破坏状态进行评估分析。在所构建的双向动态耦合模型基础上,进一步考虑了力与结构响应之间的关系,将水灾害中建筑物上承载的力与破坏状态直接联系在一起,得到了一个更普遍的且完整的确定性建筑物破坏状态评估分析模型。在此基础上,利用 GPU 加速计算,实现了模型高效并行计算。构建的整体模型可适用于城市区域大范围的计算,可以对其中不同种类、不同楼层、不同建筑规模的全部建筑物或建筑物群同时进行破坏分析。

(4) 本书对城市区域遭受极端水灾害时,考虑漂浮物情况下的建筑物破坏状态进行了预测分析。将结果与在"纯水"条件下的建筑物受力情况、破坏状态进行了对比,量化了漂浮物的致灾影响。研究表明水流挟带多种类多个漂浮物条件下发生"完全破坏"的建筑物数量最高可达纯水条件下的 1.55 倍。此外，考虑漂浮物时，水流流态受到漂浮物的反馈作用，水流作用力发生变化，范围是原"纯水"条件下水流力的 15%。

本研究揭示了溃坝波特征的高速水流作用下漂浮物的运动特征，量化了漂浮物对建筑物的撞击力，阐明了不同类别漂浮物对流场及其施加于建筑物作用力的影响，开发了可用于模拟水流携带多个多类别漂浮物对城市范围内建筑物影响的数值模拟技术，所构建的数值模型适用于不同类别、不同尺寸、不同初始位置的漂浮物的模拟，可以直观地展示极端水力事件中漂浮物的运动过程。模拟结果可适用于港口设计、建筑物选址等领域，促使海啸或风暴潮高风险的地区或城市拥有更强的抗灾减灾能力。

6.2 研究展望

极端水力条件下的流体—漂浮物—结构物三者之间相互作用是一个非常复杂的过程，本书对其中的某些方面进行了深入、细致的理论分析和探讨，但仍有许多问题需在今后进一步研究和完善：

（1）本书主要考虑的是极端水灾害事件中，以溃坝波形式为代表的高速水流登陆后对建筑物造成的破坏。现实的极端灾害事件中还往往伴随着强降雨、强风天气（风场作用）、近岸波浪作用、潮汐作用等情况，这些要素都可能促发漂浮物的产生和运动，从而导致更为严重的破坏，需要耦合更多的模块加以体现。

（2）建筑物在极端水灾害中产生破坏的形式是极为复杂的。现实中的建筑物往往有墙体、门窗、地下设施等结构，并不是一个简单的固体结构，每一部分的结构有不同的承载能力。当门窗破裂而导致建筑物内部进入水体，或建筑物地基周围土壤因水流流失后，再对建筑物破坏预测时，则需要新增更多的力加以分析。同时，建筑物破坏后，往往还可能会形成新的漂浮物。目前本研究仅对这类漂浮物进行了理想化的假设考虑，然而，根据研究结果，这些漂浮的产生位置、产生时间都会对内陆地区的建筑物造成不同程度的影响。因此，对于建筑物碎片的产生过程和尺寸等相关参数的计算方法值得开展更多的研究，进一步提高模型在防灾减灾方面的实际运用价值。

（3）城市内部漂浮物运动过程的模拟是在仅考虑建筑物的理想情况下进行的，忽略了人类行为、植被、交通设施等非固定因素的存在。然而这些因素在实际情况下，其实会对漂浮物的运动产生或促进或阻碍的影响。在今后的研究中，在数据充足的情况下，可以利用卫星地图、实地考察等方式，补充增加对这些细节因素的构建和模拟，使得数值模型的预测结果更加贴近实际。

（4）沿海区域或洪泛区的极端水灾害模拟需要大量基础数据和监测信息，

包括流速、水深、漂浮物位置等数据的难以获取和监测信息的匮乏是模型设置和验证过程中的难点。尽管目前已有研究采用网络大数据拓宽了数据信息来源,但仍处于初级阶段,需要采用更多技术手段获取更多且更精确的数据资料以保证模拟结果的准确性以及提高数值模型的精度。

参考文献

[1] Bernard E, Meinig C, Titov V, et al. Tsunami resilient communities[C]. Venice: Proceedings of the Ocean Observing: Sustained Ocean Observations and Information for Society Conference, 2010: 1-4.

[2] Leelawat N, Suppasri A, Murao O, et al. A Study on the Influential Factors on Building Damage in Sri Lanka During the 2004 Indian Ocean Tsunami[J]. Journal of Earthquake and Tsunami, 2016: 1640001.

[3] National Police Agency of Japan. Damage Situation and Police Countermeasures Associated With 2011 Tohoku District-Off Pacific Ocean Earthquake[R]. Emergency Disaster Countermeasures Headquarters, Tokyo, Japan, 2016.

[4] NGDC/WDS Global Historical Tsunami Database[EB/OL]. https://www.ngdc.noaa.gov/hazard/tsu_db.shtml.

[5] Aerts J C, Lin N, Botzen W, et al. Low-probability flood risk modeling for New York City[J]. Risk Analysis An Official Publication of the Society for Risk Analysis, 2013, 33(5): 772.

[6] Lin N, Emanuel K, Oppenheimer M, et al. Physically based assessment of hurricane surge threat under climate change[J]. Nature Climate Change, 2012, 2(6): 462-467.

[7] Synolakis C E. A Hydrodynamics Perspective for the 2004 Megatsunami[C]. Norway: Engineering Conferences International, Lillehammer, 2006.

[8] Synolakis C E, Bernard E N. Tsunami science before and beyond Boxing Day 2004[J]. Philosophical Transactions, 2006, 364(1845): 2231.

[9] Okal E A, Synolakis C E. Source discriminants for near-field tsunamis[J]. Geophysical Journal of the Royal Astronomical Society, 2010, 158(3): 899-912.

[10] Annunziato A. The tsunami assessment modelling system by the joint research centre [J]. Science of Tsunami Hazards, 2007, 26(2): 105-114.

[11] Berger M J, George D L, Leveque R J, et al. The GeoClaw software for depth-averaged flows with adaptive refinement[J]. Advances in Water Resources, 2011, 34(9): 1195-1206.

[12] Dalrymple R A, Grilli S T, Kirby J T. Tsunamis and challenges for accurate modelling [J]. Oceanography, 2006, 19(1): 142.

[13] 杨哲豪, 吴钢锋, 张科锋, 等. 溃坝洪水对构筑物冲击荷载的数值模拟[J]. 长江科学院院报, 2020, 37(3): 45-50.

[14] 宛霞,李威,王德毅. 中国气候变化蓝皮书(2019)发布[N]. 中国气象报,2019-04-03.

[15] 周倩,刘德林. 基于知信行模型的我国居民洪灾风险感知评价[J]. 人民长江,2019,50(8):28-34.

[16] Xia J, Falconer R A, Xiao X, et al. Criterion of vehicle stability in floodwaters based on theoretical and experimental studies[J]. Natural Hazards, 2014, 70(2):1619-1630.

[17] Hatzikyriakou A, Lin N, Gong J, et al. Component-based vulnerability analysis for residential structures subjected to storm surge impact from Hurricane Sandy[J]. Natural Hazards Review, 2015, 17(1):05015005.

[18] 中日联合考察团. 东日本大地震灾害考察报告[J]. 建筑结构,2012(4):1-20.

[19] Yeh H, Robertson I, Preuss J. Development of design guidelines for structures that serve as tsunami vertical evacuation sites[M]. Vol 4. United States of America: Washington State Department of Natural Resources, Division of Geology and Earth Resources, 2005.

[20] Rossetto T, Peiris N, Pomonis A, et al. The Indian Ocean tsunami of December 26, 2004: observations in Sri Lanka and Thailand[J]. Natural Hazards, 2007, 42(1):105-124.

[21] Naito C, Cercone C, Riggs H, et al. Procedure for site assessment of the potential for tsunami debris impact[J]. Journal of Waterway, Port, Coastal, and Ocean Engineering, 2013, 140(2):223-232.

[22] Bricker J D, Kawashima K, Nakayama A. CFD analysis of bridge deck failure due to tsunami[C]. Proceedings of the international symposium on engineering lessons learned from the 2011 Great East Japan Earthquake, Tokyo, Japan, 2011:1-4.

[23] 叶琳,于福江,吴玮. 我国海啸灾害及预警现状与建议[J]. 海洋预报,2005(S1):147-157.

[24] 姚远,蔡树群,王盛安. 海啸波数值模拟的研究现状[J]. 海洋科学进展,2007(4):487-494.

[25] Chen C, Melville B W, Nandasena N, et al. Experimental study of uplift loads due to tsunami bore impact on a wharf model[J]. Coastal Engineering, 2016, 117:126-137.

[26] Qu K, Sun W, Tang H, et al. Numerical study on hydrodynamic load of real-world tsunami wave at highway bridge deck using a coupled modeling system[J]. Ocean Engineering, 2019, 192:106486.

[27] 方佳毅,史培军. 全球气候变化背景下海岸洪水灾害风险评估研究进展与展望[J]. 地理科学进展,2019,38(05):625-636.

[28] Zhuang Y, Yin Y, Xing A, et al. Combined numerical investigation of the Yigong rock slide-debris avalanche and subsequent dam-break flood propagation in Tibet, China[J]. Landslides, 2020, 17(9):2217-2229.

[29] Chen N, Zhang Y, Wu J, et al. The Trend in the Risk of Flash Flood Hazards with

Regional Development in the Guanshan River Basin, China[J]. Water, 2020, 12(6): 1815.

[30] 董柏良,夏军强,陈瑾晗. 典型街区洪水演进的概化水槽试验研究[J]. 水力发电学报, 2020, 39(7): 99-108.

[31] Xia X, Liang Q, Ming X, et al. An efficient and stable hydrodynamic model with novel source term discretization schemes for overland flow and flood simulations[J]. Water Resources Research, 2017, 53(5): 3730-3759.

[32] Rueben M, Holman R, Cox D, et al. Optical measurements of tsunami inundation through an urban waterfront modeled in a large-scale laboratory basin[J]. Coastal Engineering, 2011, 58(3): 229-238.

[33] Nistor I, Goseberg N, Stolle J, et al. Experimental Investigations of Debris Dynamics over a Horizontal Plane[J]. Journal of Waterway, Port, Coastal, and Ocean Engineering, 2016, 143(3): 04016022.

[34] Goseberg N, Nistor I, Mikami T, et al. Nonintrusive spatiotemporal smart debris tracking in turbulent flows with application to debris-laden tsunami inundation[J]. Journal of Hydraulic Engineering, 2016, 142(12): 04016058.

[35] Stolle J, Goseberg N, Nistor I, et al. Probabilistic Investigation and Risk Assessment of Debris Transport in Extreme Hydrodynamic Conditions[J]. Journal of Waterway, Port, Coastal, and Ocean Engineering, 2017, 144(1): 04017039.

[36] Matsutomi H, Fujii M, Yamaguchi T. Experiments and development of a model on the inundated flow with floating bodies[C]. Hamburg: Proceedings of Coastal Engineering Japan Society of Civil Engineers, 2009, (5): 1458-1470.

[37] Imamura F, Goto K, Ohkubo S. A numerical model for the transport of a boulder by tsunami[J]. Journal of Geophysical Research: Oceans, 2008, 113(C1): C01008.

[38] Shafiei S, Melville B W, Shamseldin A Y, et al. Measurements of tsunami-borne debris impact on structures using an embedded accelerometer[J]. Journal of Hydraulic Research, 2016, 54(4): 435-449.

[39] O'brien J F, Zordan V B, Hodgins J K. Combining active and passive simulations for secondary motion[J]. IEEE Computer Graphics and Applications, 2000, 20(4): 86-96.

[40] Wu T R, Chu C R, Huang C J, et al. A two-way coupled simulation of moving solids in free-surface flows[J]. Computers and Fluids, 2014, 100: 347-355.

[41] Stockstill R L, Daly S F, Hopkins M A. Modeling floating objects at river structures[J]. Journal of Hydraulic Engineering, 2009, 135(5): 403-414.

[42] Hirt C, Amsden A A, Cook J. An arbitrary Lagrangian-Eulerian computing method for all flow speeds[J]. Journal of computational physics, 1974, 14(3): 227-253.

[43] Singh P, Hesla T, Joseph D. Distributed Lagrange multiplier method for particulate flows with collisions[J]. International Journal of Multiphase Flow, 2003, 29(3): 495-509.

[44] Genevaux O. Simulating fluid-solid interaction[J]. Graphics Interface, 2003: 31-38.

[45] Goniva C, Kloss C, Hager A, et al. An open source CFD-DEM perspective[C]. Göteborg: Proceedings of OpenFOAM Workshop, 2010: 22-24.

[46] Zhong W, Yu A, Liu X, et al. DEM/CFD-DEM modelling of non-spherical particulate systems: theoretical developments and applications[J]. Powder Technology, 2016, 302: 108-152.

[47] Hopkins M A, Daly S F. Recent advances in discrete element modeling of river ice[C]. Edmonton: Proceedings of the 12th Workshop on the Hydraulics of Ice Covered Rivers, 2003: 19-20.

[48] Daly S F, Hopkins M A. Estimating forces on an ice control structure using DEM[C]. Ottawa: Proceedings, 11th Workshop on River Ice: River ice processes within a changing environment, 2001: 14-16.

[49] Ruiz-Villanueva V, Bladé E, Sánchez-Juni M, et al. Two-dimensional numerical modeling of wood transport[J]. Journal of Hydroinformatics, 2014, 16(5): 1077-1096.

[50] Ruiz-Villanueva V, Wyżga B, Zawiejska J, et al. Factors controlling large-wood transport in a mountain river[J]. Geomorphology, 2016, 272(3): 21-31.

[51] Ruiz-Villanueva V, Castellet E B, Díez-Herrero A, et al. Two-dimensional modelling of large wood transport during flash floods[J]. Earth Surface Processes and Landforms, 2014, 39(4): 438-449.

[52] Jiang M, Sun C, Zhang W, et al. Coupled CFD-DEM simulations of submarine landslide induced by thermal dissociation of methane hydrate[C]. Cambridge: Proceedings of International Symposium on Geomechanics from Micro to Macro, 2014: 491-496.

[53] Zhao T. Coupled DEM-CFD analyses of landslide-induced debris flows[M]. Singapore: Springer, 2017.

[54] Shan T, Zhao J. A coupled CFD-DEM analysis of granular flow impacting on a water reservoir[J]. Acta Mechanica, 2014, 225(8): 2449.

[55] Chen F, Drumm E C, Guiochon G. Coupled discrete element and finite volume solution of two classical soil mechanics problems[J]. Computers and Geotechnics, 2011, 38(5): 638-647.

[56] Simsek E, Brosch B, Wirtz S, et al. Numerical simulation of grate firing systems using a coupled CFD/discrete element method (DEM)[J]. Powder technology, 2009, 193(3): 266-273.

[57] 王志超. 基于SPH-DEM耦合方法的液滴冲击散粒体运动机理研究[D]. 天津：天津大学, 2015.

[58] Ren B, Jin Z, Gao R, et al. SPH-DEM modeling of the hydraulic stability of 2D blocks on a slope[J]. Journal of Waterway, Port, Coastal, and Ocean Engineering, 2013, 140

(6): 04014022.

[59] Canelas R, Ferreira R M, Crespo A J, et al. A generalized SPH-DEM discretization for the modelling of complex multiphasic free surface flows[C]. Trondheim: Proceedings of the 8th International SPHeric Workshop, 2013: 74-79.

[60] Canelas R, Crespo A A J C, Domínguez J M, et al. Resolved Simulation of a Granular-Fluid Flow with a Coupled SPH-DCDEM Model[J]. Journal of Hydraulic Engineering, 2017, 143(9): 06017012.

[61] Robb D M, Gaskin S J, Marongiu J C. SPH-DEM model for free-surface flows containing solids applied to river ice jams[J]. Journal of Hydraulic Research, 2016, 54(1): 27-40.

[62] Canelas R B, Domínguez J M, Crespo A J C, et al. A Smooth Particle Hydrodynamics discretization for the modelling of free surface flows and rigid body dynamics[J]. International Journal for Numerical Methods in Fluids, 2015, 78(9): 581-593.

[63] Amicarelli A, Albano R, Mirauda D, et al. A Smoothed Particle Hydrodynamics model for 3D solid body transport in free surface flows[J]. Computers and fluids, 2015, 116: 205-228.

[64] Albano R, Sole A, Mirauda D, et al. Modelling large floating bodies in urban area flash-floods via a Smoothed Particle Hydrodynamics model[J]. Journal of Hydrology, 2016, 541: 344-358.

[65] Nistor I, Goseberg N, Stolle J. Tsunami-Driven Debris Motion and Loads: A Critical Review[J]. Frontiers in Built Environment, 2017, 3: 2.

[66] Yim S C. Modeling and simulation of tsunami and storm surge hydrodynamic loads on coastal bridge structures[C]. Tsukuba: 21st US-Japan Bridge Engineering Workshop, 2005: 3-5.

[67] Nistor I, Palermo D, Cornett A, et al. Experimental and numerical modeling of tsunami loading on structures[J]. Coastal Engineering Proceedings, 2011, 1(32): 2.

[68] FEMA P646 2nd. Guidelines for design of structures for vertical evacuation from tsunamis[S]. Washington: Federal Emergency Management Agency, 2012.

[69] Yuan P, Harik I E. Equivalent Barge and Flotilla Impact Forces on Bridge Piers[J]. Journal of Bridge Engineering, 2008, 15(5): 523-532.

[70] Matsutomi H. Method for estimating collision force of driftwood accompanying tsunami inundation flow[J]. Journal of Disaster Research, 2009, 4(6): 435-440.

[71] Haehnel R B, Daly S F. Maximum Impact Force of Woody Debris on Floodplain Structures[J]. Journal of Hydraulic Engineering, 2002, 130(2): 112-120.

[72] Riggs H, Cox D, Naito C, et al. Water-driven debris impact forces on structures: Experimental and theoretical program[C]. Nantes: International Conference on Offshore Mechanics and Arctic Engineering. American Society of Mechanical Engineers, 2013, 11128: V001T01A059.

[73] Riggs H R, Cox D T, Naito C J, et al. Experimental and analytical study of water-driven debris impact forces on structures[J]. Journal of Offshore Mechanics and Arctic Engineering, 2014, 136(4): 041603.

[74] Piran Aghl P, Naito C, Riggs H. Full-scale experimental study of impact demands resulting from high mass, low velocity debris[J]. Journal of Structural Engineering, 2014, 140(5): 04014006.

[75] Arikawa T, Ohtsubo D, Nakano F, et al. Large model tests of drifting container impact force due to surge front tsunami[C]. Japan: Proceedings of Coastal Engineering Japan Society of Civil Engineers, 2007: 846-850.

[76] Ikeno M, Takabatake D, Kihara N, et al. Improvement of collision force formula for woody debris by airborne and hydraulic experiments[J]. Coastal Engineering Journal, 2016, 58(4): 1640022.

[77] Derschum C, Nistor I, Stolle J, et al. Debris impact under extreme hydrodynamic conditions part 1: Hydrodynamics and impact geometry[J]. Coastal Engineering, 2018, 141: 24-35.

[78] Stolle J, Derschum C, Goseberg N, et al. Debris impact under extreme hydrodynamic conditions part 2: Impact force responses for non-rigid debris collisions[J]. Coastal Engineering, 2018, 141: 107-118.

[79] 张吉保. 洪水漂浮物冲击作用下桥梁结构动力响应研究[D]. 哈尔滨: 哈尔滨工业大学, 2016.

[80] Aghl P P, Naito C J, Riggs H R. Effect of nonstructural mass on debris impact demands: Experimental and simulation studies[J]. Engineering Structures, 2015, 88(Apr. 1): 163-175.

[81] Sha Y, Liu Z, Amdahl J, et al. Simulation of shipping container impact with bridge girders[C]. Shanghai: The 30th International Ocean and Polar Engineering Conference, 2020.

[82] Panici D, De Almeida G A M. Formation, Growth, and Failure of Debris Jams at Bridge Piers[J]. Water Resources Research, 2018, 54(9): 6226-6241.

[83] 中华人民共和国住房和城乡建设部. 港口工程结构可靠性设计统一标准: GB 50158-2010[S]. 北京: 中国计划出版社, 2010.

[84] 中华人民共和国交通运输部. 公路桥涵设计通用规范: JTG D60-2015[S]. 北京: 人民交通出版社, 2015.

[85] 中华人民共和国交通运输部. 防波堤与护岸设计规范: JTS 154-2018[S]. 北京: 人民交通出版社, 2018.

[86] Papathoma M, Dominey-Howes D. Tsunami vulnerability assessment and its implications for coastal hazard analysis and disaster management planning, Gulf of Corinth, Greece[J]. Natural Hazards and Earth System Science, 2003, 3(6): 733-747.

[87] Dall'osso F, Gonella M, Gabbianelli G, et al. A revised (PTVA) model for assessing

the vulnerability of buildings to tsunami damage[J]. Natural Hazards and Earth System Sciences, 2009, 9(5): 1557-1565.

[88] Dall'osso F, Dominey-Howes D. Coastal vulnerability to multiple inundation sources-COVERMAR project-literature review [R]. Sydney Coastal Councils Group Inc., 2013.

[89] Koshimura S, Oie T, Yanagisawa H, et al. Developing fragility functions for tsunami damage estimation using numerical model and post-tsunami data from Banda Aceh, Indonesia[J]. Coastal Engineering Journal, 2009, 51(03): 243-273.

[90] Suppasri A, Kamthonkiat D, Matsuoka M, et al. Application of remote sensing for tsunami disaster[M]//Chemin Y. Remote Sensing of Planet Earth. Croatia: InTech, 2012: 143-168..

[91] Park H, Cox D T, Barbosa A R. Comparison of inundation depth and momentum flux based fragilities for probabilistic tsunami damage assessment and uncertainty analysis [J]. Coastal Engineering, 2017, 122: 10-26.

[92] Tarbotton C, Dall'osso F, Dominey-Howes D, et al. The use of empirical vulnerability functions to assess the response of buildings to tsunami impact: comparative review and summary of best practice[J]. Earth-Science Reviews, 2015, 142: 120-134.

[93] Reese S, Bradley B A, Bind J, et al. Empirical building fragilities from observed damage in the 2009 South Pacific tsunami[J]. Earth-Science Reviews, 2011, 107(1): 156-173.

[94] Kiefer J C, Willett J S. Analysis of Nonresidential Content Value and Depth-Damage Data for Flood Damage Reduction Studies[R]. Planning And Management Consultants Ltd Carbondale IL., 1996.

[95] Reese S, Cousins W, Power W, et al. Tsunami vulnerability of buildings and people in South Java-field observations after the July 2006 Java tsunami[J]. Natural Hazards and Earth System Sciences, 2007, 7(5): 573-589.

[96] Murao O. Vulnerability functions for buildings based on damage survey data in Sri Lanka after the 2004 Indian Ocean Tsunami[J], 2010, 75(651): 1021-1027.

[97] Singhal A, Kiremidjian A S. Method for probabilistic evaluation of seismic structural damage[J]. Journal of Structural Engineering, 1996, 122(12): 1459-1467.

[98] Dias W, Yapa H, Peiris L. Tsunami vulnerability functions from field surveys and Monte Carlo simulation[J]. Civil Engineering and Environmental Systems, 2009, 26(2): 181-194.

[99] Mas E, Koshimura S, Suppasri A, et al. Developing Tsunami fragility curves using remote sensing and survey data of the 2010 Chilean Tsunami in Dichato[J]. Natural Hazards and Earth System Sciences, 2012, 12(8): 2689-2697.

[100] Hatzikyriakou A, Lin N. Impact of performance interdependencies on structural vulnerability: A systems perspective of storm surge risk to coastal residential

communities[J]. Reliability Engineering and System Safety, 2017, 158: 106-116.

[101] Suppasri, Mas E, Charvet I, et al. Building damage characteristics based on surveyed data and fragility curves of the 2011 Great East Japan tsunami[J]. Natural Hazards, 2013, 66: 319-341.

[102] Suppasri, Koshimura S, Imamura F. Developing tsunami fragility curves based on the satellite remote sensing and the numerical modeling of the 2004 Indian Ocean tsunami in Thailand[J]. Natural Hazards and Earth System Sciences, 2011, 11(1): 173-189.

[103] Attary N, Unnikrishnan V U, Van De Lindt J W, et al. Performance-Based Tsunami Engineering methodology for risk assessment of structures[J]. Engineering Structures, 2017, 141: 676-686.

[104] Petrone C, Rossetto T, Goda K. Fragility assessment of a RC structure under tsunami actions via nonlinear static and dynamic analyses[J]. Engineering Structures, 2017, 136: 36-53.

[105] Robertson I, Paczkowski K, Riggs H, et al. Tsunami bore forces on walls[C]. Rotterdam: International Conference on Offshore Mechanics and Arctic Engineering, 2011, 44335: 395-403.

[106] Yeh H, Barbosa A R, Ko H, et al. Tsunami loadings on structures: Review and analysis[J]. Coastal Engineering Proceedings, 2014, 1(34): 4.

[107] Hayashi K, Tamura S, Nakashima M, et al. Evaluation of Tsunami Load and Building Damage Mechanism Observation in the 2011 off Pacific Coast of Tohoku Earthquake [C]. Lisbon: 15th World Conference on Earthquake Engineering, 2012, 1807:1-6.

[108] Yeh H, Sato S, Tajima Y. The 11 March 2011 East Japan earthquake and tsunami: tsunami effects on coastal infrastructure and buildings [J]. Pure and Applied Geophysics, 2013, 170(6-8): 1019-1031.

[109] Liang Q, Chen K, Hou J, et al. Hydrodynamic modelling of flow impact on structures under extreme flow conditions[J]. Journal of Hydrodynamics, Ser. B, 2016, 28(2): 267-274.

[110] Arimitsu T, Kawasaki K. Development of Estimation Method of Tsunami Wave Pressure Exerting on Land Structure Using Depth-Integrated Flow Model[J]. Coastal Engineering Journal, 2016: 1640021.

[111] Tokimatsu K, Ishida M, Inoue S. Tsunami-Induced Overturning of Buildings in Onagawa during the 2011 Tohoku Earthquake[J]. Earthquake Spectra, 2016, 32(4): 1989-2007.

[112] Bricker J D, Nakayama A. Contribution of trapped air, deck superelevation, and nearby structures to bridge deck failure during a tsunami[J]. Journal of Hydraulic Engineering, 2014, 140(5): 05014002.

[113] Xu G, Cai C. Numerical simulations of lateral restraining stiffness effect on bridge deck-wave interaction under solitary waves[J]. Engineering Structures, 2015, 101:

337-351.

[114] Mori N, Yoneyama N, Pringle W. Effects of the offshore barrier against the 2011 off the Pacific coast of Tohoku earthquake tsunami and lessons learned[M]// Santiago-Fandiño V, Kontar Y, Kaneda Y. Post-Tsunami Hazard. Switzerland: Springer, 2015: 121-132.

[115] Chock G, Carden L, Robertson I, et al. Tohoku tsunami-induced building failure analysis with implications for US tsunami and seismic design codes[J]. Earthquake Spectra, 2013, 29(s1): S99-S126.

[116] Ghobarah A. Performance-based design in earthquake engineering: state of development [J]. Engineering structures, 2001, 23(8): 878-884.

[117] Villaverde R. Methods to assess the seismic collapse capacity of building structures: State of the art[J]. Journal of Structural Engineering, 2007, 133(1): 57-66.

[118] 张小璇, 陈世鸣. 桥梁易损性曲线计算方法研究[J]. 结构工程师, 2014(4): 19-24.

[119] Attary N, Van De Lindt J W, Unnikrishnan V U, et al. Methodology for development of physics-based tsunami fragilities[J]. Journal of Structural Engineering, 2016, 143(5): 04016223.

[120] Borzi B, Rui P, Crowley H. Simplified pushover-based vulnerability analysis for large-scale assessment of RC buildings[J]. Engineering Structures, 2008, 30(3): 804-820.

[121] FEMA. Multi-hazard Loss Estimation Methodology Earthquake Model: Earthquake Model, HAZUS-MH MR4 Technical Mannual[M]. Washington, D. C.: National Institute of Building Sciences (NIBS), 2011.

[122] Schneider P J, Schauer B A. HAZUS-Its Development and Its Future[J]. Natural Hazards Review, 2006, 7(7): 40-44.

[123] Neighbors C J, Cochran E S, Caras Y, et al. Sensitivity Analysis of FEMA HAZUS Earthquake Model: Case Study from King County, Washington[J]. Natural Hazards Review, 2013, 14(2): 134-146.

[124] Ploeger S K, Atkinson G M, Samson C. Applying the HAZUS-MH software tool to assess seismic risk in downtown Ottawa, Canada[J]. Natural Hazards, 2010, 53(1): 1-20.

[125] Gulati B. Earthquake risk assessment of buildings: applicability of HAZUS in Dehradun, India[D]. Uttarakhand: Indian Institute of Remote Sensing, 2006.

[126] Lynett P J. Precise prediction of coastal and overland flow dynamics: A grand challenge or a fool's errand[J]. Journal of Disaster Research Vol, 2016, 11(4): 1-9.

[127] Liang Q. Flood simulation using a well-balanced shallow flow model[J]. Journal of Hydraulic Engineering, 2010, 136(9): 669-675.

[128] Toro E F. Shock-capturing methods for free-surface shallow flows[M]. UK: John Wiley, 2001.

[129] Wilcox D C. Turbulence modeling for CFD [M]. Canada: DCW industries La

Canada, 1998.

[130] Wang J. Fluid mixing processes in enclosed shallow water flows and applications[D]. Newcastle: Newcastle University, 2017.

[131] Liang Q, Borthwick A G. Adaptive quadtree simulation of shallow flows with wet—dry fronts over complex topography[J]. Computers and Fluids, 2009, 38(2): 221-234.

[132] Hou J, Liang Q, Xia X. Robust absorbing boundary conditions for shallow water flow models[J]. Environmental Earth Sciences, 2015, 74(11): 7407-7422.

[133] Park H, Cox D T, Lynett P J, et al. Tsunami inundation modeling in constructed environments: a physical and numerical comparison of free-surface elevation, velocity, and momentum flux[J]. Coastal Engineering, 2013, 79: 9-21.

[134] Cox D, Tomita T, Lynett P, et al. Tsunami inundation with macroroughness in the constructed environment[C]. Hamburg: Proceedings of 31st International Conference on Coastal Engineering, American Society of Mechanical Engineers, 2008: 1421-1432.

[135] Xiong Y, Liang Q, Amouzgar R, et al. High-Performance Simulation of Tsunami Inundation and Impact on Building Structures[C]. Rhodes: The 26th International Ocean and Polar Engineering Conference, 2016.

[136] Amouzgar R, Liang Q, Clarke P J, et al. Computationally Efficient Tsunami Modeling on Graphics Processing Units (GPUs)[J]. International Journal of Offshore and Polar Engineering, 2016, 26(2): 154-160.

[137] Wei Y, Chamberlin C, Titov V V, et al. Modeling of the 2011 Japan tsunami: Lessons for near-field forecast[J]. Pure and Applied Geophysics, 2013, 170(6-8): 1309-1331.

[138] Fujii Y, Satake K, Sakai S I, et al. Tsunami source of the 2011 off the Pacific coast of Tohoku Earthquake[J]. Earth, planets and space, 2011, 63(7): 815-820.

[139] Wei Y, Newman A V, Hayes G P, et al. Tsunami forecast by joint inversion of real-time tsunami waveforms and seismic or GPS data: application to the Tohoku 2011 tsunami[J]. Pure and Applied Geophysics, 2014, 171(12): 3281-3305.

[140] Chow V T. Open-channel hydraulics[M]. USA: McGraw-Hill Book Company, 1959.

[141] Shafiei S, Melville B W, Shamseldin A Y. Experimental investigation of tsunami bore impact force and pressure on a square prism[J]. Coastal Engineering, 2016, 110: 1-16.

[142] Wei Z, Jia Y. Non-hydrostatic finite element model for coastal wave processes[J]. Coastal Engineering, 2014, 92: 31-47.

[143] 赵振兴, 何建京. 水力学[M]. 北京: 清华大学出版社, 2010.

[144] Cundall P A, Strack O D. A discrete numerical model for granular assemblies[J]. Geotechnique, 1979, 29(1): 47-65.

[145] 卓家寿, 赵宁. 离散单元法的基本原理、方法及应用[J]. 河海科技进展, 1993, 02: 1-11.

[146] 王泳嘉, 邢纪波. 离散单元法及其在岩土力学中的应用[M]. 沈阳: 东北大学出版

(d) $t=2\,520$ s

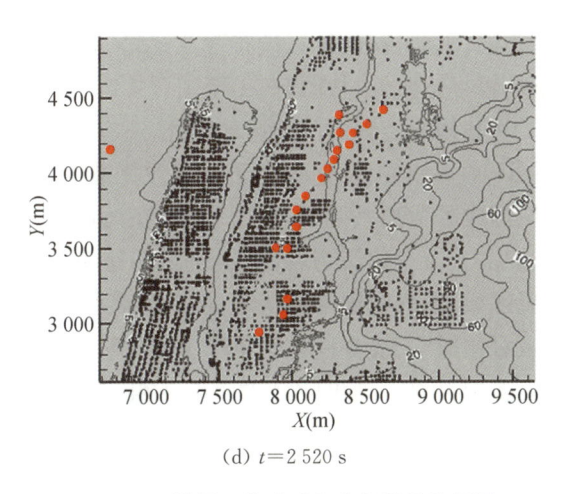

图 5-12　情景 6 海啸过程中集装箱位置图

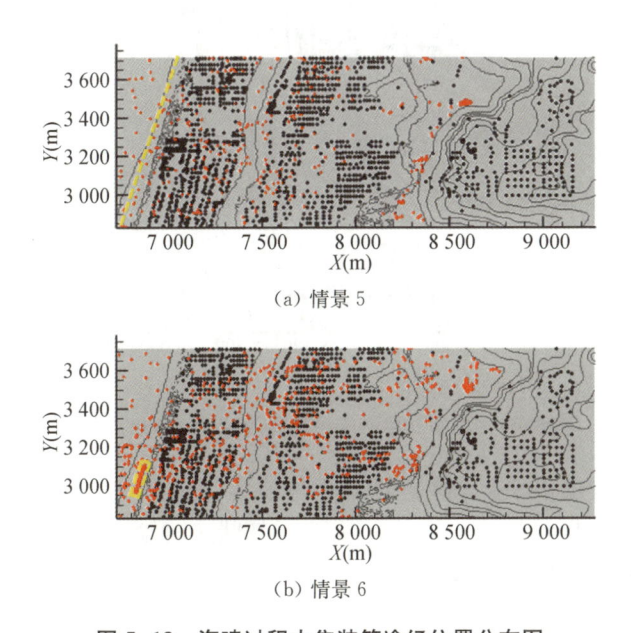

(a) 情景 5

(b) 情景 6

图 5-13　海啸过程中集装箱途经位置分布图

响。模型预测它们在建筑物密集的地方出现的频率较建筑物稀疏的地方更为频繁，即它们更多地"徘徊"在建筑物群之间，这可能是由于集装箱漂浮物尺寸较大，更加容易与结构物产生碰撞。

对比图 5-13(a) 和 (b) 可以发现，情景 5 条件下中心区域的集装箱途经位置分布情况较情景 6 条件略稀疏。为了探求其原因，进一步研究漂浮物的运动情况，图 5-14 展示了在情景 5 条件下，$t=3\,600$ s 时中心区域及其周围流场形态。可以发现海啸波登陆后的水流主要向着东北（右上）方向流动，挟带着的集装箱社，1991.

[147] 金钊. 斜坡堤护面块体稳定性的数值模拟[D]. 大连：大连理工大学，2012.

[148] O'sullivan C, Bray J D. Selecting a suitable time step for discrete element simulations that use the central difference time integration scheme[J]. Engineering Computations, 2004, 21(2/3/4): 278-303.

[149] Chen F. Coupled flow discrete element method application in granular porous media using open source codes[D]. Tennessee: University of Tennessee, 2009.

[150] Ting J M, Khwaja M, Meachum L R, et al. An ellipse-based discrete element model for granular materials[J]. International Journal for Numerical and Analytical Methods in Geomechanics, 1993, 17(9): 603-623.

[151] Kodam M, Curtis J, Hancock B, et al. Discrete element method modeling of bi-convex pharmaceutical tablets: contact detection algorithms and validation[J]. Chemical Engineering Science, 2012, 69(1): 587-601.

[152] Oschmann T, Vollmari K, Kruggel-Emden H, et al. Numerical investigation of the mixing of non-spherical particles in fluidized beds and during pneumatic conveying[J]. Procedia Engineering, 2015, 102: 976-985.

[153] Dong K, Wang C, Yu A. A novel method based on orientation discretization for discrete element modeling of non-spherical particles[J]. Chemical Engineering Science, 2015, 126: 500-516.

[154] Nezami E G, Hashash Y M, Zhao D, et al. A fast contact detection algorithm for 3-D discrete element method[J]. Computers and Geotechnics, 2004, 31(7): 575-587.

[155] 徐泳，孙其诚，张凌，黄文彬. 颗粒离散元法研究进展[J]. 力学进展，2003(2): 251-260.

[156] Favier J, Abbaspour-Fard M, Kremmer M, et al. Shape representation of axi-symmetrical, non-spherical particles in discrete element simulation using multi-element model particles[J]. Engineering Computations, 1999, 16(4): 467-480.

[157] Abbaspour-Fard M H. Theoretical validation of a multi-sphere, discrete element model suitable for biomaterials handling simulation[J]. Biosystems Engineering, 2004, 88(2): 153-161.

[158] Kruggel-Emden H, Rickelt S, Wirtz S, et al. A study on the validity of the multi-sphere Discrete Element Method[J]. Powder Technology, 2008, 188(2): 153-165.

[159] Ren B, Zhong W, Chen Y, et al. CFD-DEM simulation of spouting of corn-shaped particles[J]. Particuology, 2012, 10(5): 562-572.

[160] Mahaffey S H, Liang Q. Numerical modelling of floating debris-associated flash flood processes[C]. San Francisco: American Geophysical Union Fall Meeting Abstracts, 2016.

[161] Shu C, Xia J, Falconer R A, et al. Incipient velocity for partially submerged vehicles in floodwaters[J]. Journal of Hydraulic Research, 2011, 49(6): 709-717.

[162] Smith L S, Liang Q. Towards a generalised GPU/CPU shallow-flow modelling tool [J]. Computers and Fluids, 2013, 88: 334-343.

[163] Chanson H. Tsunami surges on dry coastal plains: application of dam break wave equations[J]. Coastal Engineering Journal, 2006, 48(4): 355-370.

[164] Chen K, Liang Q, Xiong Y, et al. Laboratory and Numerical Investigation of Extreme Flow Impact on Simplified Sea-Crossing Bridge Structures[C]. Rhodes: The 26th International Ocean and Polar Engineering Conference, 2016.

[165] Xiong Y, Liang Q, Mahaffey S, et al. A novel two-way method for dynamically coupling a hydrodynamic model with a discrete element model (DEM)[J]. Journal of Hydrodynamics, 2018, 30(1): 1-4.

[166] Santo J, Robertson I N. Lateral loading on vertical structural elements due to a tsunami bore[R]. University of Hawaii, Honolulu, American, 2010.

[167] Nouri Y, Nistor I, Palermo D, et al. Experimental investigation of tsunami impact on free standing structures[J]. Coastal Engineering Journal, 2010, 52(1): 43-70.

[168] Swanson J, Rockwell T, Beuse N M, et al. Evaluation of stiffness measures from the US new car assessment program[C]. Nagoya: Proceedings: International Technical Conference on the Enhanced Safety of Vehicles, 2003.

[169] 张功学, 白园, 马车. 汽车阻尼比及振动响应的分析[J]. 机械设计与制造, 2017(11): 56-59.

[170] 张子明, 杜成斌, 江泉. 结构动力学[M]. 南京: 河海大学出版社, 2004.

[171] Chopra A K. Dynamics of structures: theory and applications to earthquake engineering [M]. USA: Prentice Hall, 2001.

[172] Ko H S, Cox D, Riggs H, et al. Hydraulic experiments on impact forces from tsunami-driven debris[J]. Journal of Waterway, Port, Coastal, and Ocean Engineering, 2014, 141(3): 04014043.

[173] Kircher C A, Whitman R V, Holmes W T. HAZUS earthquake loss estimation methods[J]. Natural Hazards Review, 2006, 7(2): 45-59.

[174] 陈焕忠. 住宅分户建筑面积的计算[J]. 住宅科技, 1994(5): 36.

[175] 鲁永飞, 鞠晓磊, 张磊. 设计前期建筑光伏系统安装面积快速估算方法[J]. 建设科技, 2019(2): 58-62.

[176] 王永华. 矩形房屋建筑面积一种计算方法及验证[J]. 工业计量, 2011(S2): 1.

[177] Park H, Cox D T. Probabilistic assessment of near-field tsunami hazards: Inundation depth, velocity, momentum flux, arrival time, and duration applied to Seaside, Oregon [J]. Coastal Engineering, 2016, 117: 79-96.

[178] Goldfinger C, Nelson C H, Morey A E, et al. Turbidite event history--Methods and implications for Holocene paleoseismicity of the Cascadia subduction zone[R]. US Geological Survey, 2012.

[179] Howard B, Parshall L, Thompson J, et al. Spatial distribution of urban building

energy consumption by end use[J]. Energy and Buildings，2012，45：141-151.

[180] Mcdonnell S，Madar J，Been V. Minimum parking requirements and housing affordability in New York City[J]. Housing Policy Debate，2011，21(1)：45-68.

[181] Liang Q，Smith L S. A High-Performance Integrated hydrodynamic Modelling System for urban flood simulations[J]. Journal of Hydroinformatics，2015，17(4)：518.

[182] 孙旋，王婉娣，李引擎，等. 全尺寸汽车火灾实验[J]. 清华大学学报(自然科学版)，2010(7)：1090-1093.

《《 后 记 》》

君看白日驰，何异弦上箭。此书成稿，是笔者博士阶段科研工作的积累，是该阶段学术成果的总结。笔者于2014年有幸通过保研选拔，成为了港口、海岸及近海工程专业的直博生。读博期间，从悠悠金陵古都到几千公里外的英格兰纽卡斯尔，路漫漫其修远兮，吾上下而求索。时至今日，博士生涯终于可告一段落，画上一个小小的句号，掩卷沉思，心中感慨万千，虽有千言藏于肺腑，却不知从何说起。

首先要感谢我的导师梁秋华教授。梁老师在我的学习研究中倾注了大量的心血，从博士方向确定到课题选题，从论文撰写到最终定稿，老师给予了我太多的指导和帮助。还记得大四时，初次听到梁老师的讲座，老师满腹经纶、侃侃而谈之态让我倍受震撼，我第一次见到了所谓学者身上的翩翩鸿儒、懿德雅量之风。故我毛遂自荐，有幸入得师门。然而，刚进入研究生阶段的我对学术一无所知，就在我战战兢兢、充满不安与迷茫时，梁老师告诉我"不用怕"，还告诉我当年他的博导教导他的话，用以鼓励我："Now I'll push you into the deep end of the pool, but don't worry about being drowned as I am here watching you."。老师还告诫我，做学术最重要的就是不忘初心，保持"Motivation"，每一次的例会讨论、每一封的邮件交流、每一篇小论文的修改，谆谆教导，铭记于心，不敢忘却。是老师的耐心和鼓励，让我最终完成了博士阶段的学习和科研任务。除去专注学术的工作时间，平日里，梁老师谦逊平和、平易近人，亦师亦友，与学生的交流从科研哲学到政治历史，从家国情怀到个人理想，从为人处世到人情往来，从运动旅游到修身养性，无拘无束，可谓畅所欲言。老师不仅指导了我的科研思路和方法，更教会了我为人处世的世界观，正所谓既授人以鱼又授人以渔，鱼渔俱授。同时，梁老师还在我前往英国纽卡斯尔大学交流学习时，给予了无微不至的关心和无数的帮助，在我多次赴海外参与学术会议时，给予了优厚的经济支持。这一切都使我能够心无旁骛地遨游学术海洋、无忧无虑地追求诗和远方！侠之大者，为国为民；师之大者，传道授业。桃李不言，下自成蹊；高山仰止，景行行止。在此，谨向导师及家人致以最诚挚的感谢和最崇高的敬意！

本人在进入博士阶段后还有幸得到了王岗教授的指导。王老师诲人不倦的学者风范、严谨细致的治学态度给我留下了深刻印象。每每将自己在学业或科研上的困惑向老师倾诉，王老师总能抽丝剥茧地帮助我分析问题，提出多种解决方案，毫无保留，倾囊相授，我总是被老师渊博的知识和创新的思维深深震撼。古人云："落其实者思其树，饮其流者怀其源。"在此衷心感谢王老师在学术上对我的启迪与教导。在生活上，王老师对学生们悉心照顾，在忙碌之余还能关心到我们每一个人，为我们排忧解难，让我们不被各种繁杂的事务纠缠。老师不止一次地说过："你们有任何困难，不管是学术上的，还是生活上的，情感上的，都尽管来找我，希望大家都能健健康康、平平安安地度过研究生阶段。"在老师的带领下，整个团队变成了一个其乐融融的大家庭。师恩深似海，学生唯有铭记恩师教诲，在今后的路上一步一个脚印，通过不懈努力取得成绩来报答恩师。

感谢张继生老师、陶爱峰老师、张驰老师、赖锡军老师、张蔚老师、薛米安老师、张冠卿老师、苏青老师，感谢老师们对我的建议、指导和关心；感谢英国纽卡斯尔大学的陶龙宾教授邀请我赴纽卡斯尔进行为期一年的交流学习；感谢国家留学基金委（CSC）对我联合培养项目的资助（公派项目，学号：201606710054）；感谢美国俄勒冈州立大学的 Cox 教授和 Park 博士提供的 Seaside 地区地形建筑物数据，以及对我期刊论文的指导。

其次，我要感谢课题组师姐陈恺翠对我的帮助，是师姐耐心悉心地帮助我尽快进入了学术研究、端正了学习态度；感谢虽远在英国但给予了我极大帮助的侯精明师兄、夏熙临师兄、明晓东师兄、王镜纯师兄、梁艺博师兄、李芊、Reza Amouzgar、Sam Mahaffey，特别是夏熙临师兄在编程方面给予的指导；感谢研究团队王天闻师兄、傅丹娟师姐、童林龙师兄在论文方面给予的关心和帮助；感谢师门河海小分队里的羌娟、幸韵、崔云松、仝雪、赵一凡、罗朦、王航、黄昭培等同门师兄弟姐妹的支持和帮助。

另外，我还要感谢我的男朋友王博，从一个动画设计师的角度，对我呈现科研成果时的建议和帮助。谢谢你在我取得小成就时和我一起分享喜悦、对我寄予肯定，更谢谢你对我出国求学的默默支持。感谢我的好朋友陈拓颖、班丝蓼、方茜、王盼，与你们的相遇相识，在风华正茂的岁月，诗酒年华，以梦为马，青春不老，我们不散！

最后，我要感谢我的父母、我的奶奶、我的家人们。谢谢爸爸妈妈二十多年含辛茹苦的养育之恩，对我攻读博士学位期间对我的理解与包容，对我生活上的百般呵护。是我的妈妈如海一般在我求学过程中给予了我最美好的爱和最温暖的港湾，是我的爸爸如山一般做我最坚强的后盾，舐犊之爱、孺慕之情，你们是我一生积极进取不敢懈怠的最大动力！感谢你们对我的付出和爱！"父母之年，不可不知也，一则以喜，一则以惧。"惟愿你们身体健康，让女儿以后多多孝顺你们。

最后的最后，我想要跟自己说：博士阶段不仅是学术上的锻炼，更是心智上的考验，这一阶段的结束仅仅只是人生的一个小小句号，拿到了科研学术殿堂的入场券，未来之路道阻且长。登高自卑，行远自迩。行则将至，做则必成。在未来的日子里，会有痛苦也会有欢乐、会有失去也会有收获、会有失望也会有希望，但不管怎么样，都希望自己不忘初心，能够始终以积极乐观向上进取的心态面对生活中每一天。

谨以此书献给所有关心和帮助过我的人，谢谢你们！

熊　焱

2021 年 9 月